U0315402

昭通褐煤腐植酸—脱腐植酸残渣梯级利用特性

王平艳　著

北　京
冶金工业出版社
2020

内 容 提 要

本书共分6章。第1章为绪论；第2章详细介绍了昭通褐煤的腐植酸提取，并分析了金属元素在腐植酸提取过程中的分布；第3章介绍了昭通褐煤脱腐植酸残渣的低温热解，并分析了矿物质催化褐煤残渣热解的动力学；第4章介绍了昭通褐煤脱腐植酸残渣低温热解产物特性；第5章介绍了昭通褐煤腐植酸与土壤矿物的吸附特性及微生物降解特性；第6章从腐植酸提取、脱腐植酸残渣的热解过程及热解产物品质、腐植酸在黏土矿物及土壤中的吸附特性及土壤微生物对它的降解特性等方面，总结出"昭通褐煤腐植酸提取—脱腐植酸残渣热解"梯级利用特性。

本书可供煤化工、腐植酸领域的研究人员阅读，也可供大专院校相关专业的师生参考。

图书在版编目(CIP)数据

昭通褐煤腐植酸—脱腐植酸残渣梯级利用特性/王平艳著. —北京：冶金工业出版社，2020. 2

ISBN 978-7-5024-8370-8

Ⅰ. ①昭… Ⅱ. ①王… Ⅲ. ①褐煤—腐植酸—提取 ②褐煤—煤渣—综合利用 Ⅳ. ①TD926. 1 ②TQ536. 4

中国版本图书馆 CIP 数据核字（2019）第 296264 号

出 版 人 陈玉千

地　　址 北京市东城区嵩祝院北巷39号 邮编 100009 电话 (010)64027926

网　　址 www. cnmip. com. cn 电子信箱 yjcbs@ cnmip. com. cn

策划编辑 张耀辉 责任编辑 张熙莹 郭雅欣 美术编辑 郑小利

版式设计 孙跃红 责任校对 郑 娟 责任印制 李玉山

ISBN 978-7-5024-8370-8

冶金工业出版社出版发行；各地新华书店经销；北京建宏印刷有限公司印刷

2020年2月第1版，2020年2月第1次印刷

169mm×239mm；10. 5印张；204千字；158页

56. 00元

冶金工业出版社 投稿电话 (010)64027932 投稿信箱 tougao@ cnmip. com. cn

冶金工业出版社营销中心 电话 (010)64044283 传真 (010)64027893

冶金工业出版社天猫旗舰店 yjgycbs. tmall. com

（本书如有印装质量问题，本社营销中心负责退换）

前　言

我国褐煤资源储量巨大，储量约为1300亿吨。昭通褐煤位于云南省东北部，是世界上最年轻的褐煤资源之一，其资源区域面积约达230km^2，储量极为丰富。但是昭通褐煤水分、灰分含量高，热稳定性差，导致无法开展昭通褐煤的传统应用。而昭通褐煤中含有丰富的腐植酸，腐植酸作为一种生产类优质原料，正成为世纪生态农业用肥的发展方向。因此对其进行腐植酸的提取，是一个经济环保的利用方向，但提取完腐植酸后的残渣，还含有半数以上的有机质，若未对其利用，会造成资源上的极大浪费；且残渣中无机矿物富集，对残渣的热解也具有一定的影响作用。本书提出对昭通褐煤进行“腐植酸提取—残渣热解”梯级利用，并对其腐植酸提取特性、脱腐植酸残渣热解特性、腐植酸与矿物质、土壤的吸附特性、土壤微生物对腐植酸的降解特性进行了系统研究。

全书内容共分为6章，第1章为绪论，重点介绍腐植酸性质、工农业利用现状及其来源，褐煤腐植酸提取工艺及研究现状，昭通褐煤特性、研究现状和应用趋势，脱腐植酸的昭通褐煤残渣的利用现状，并对煤热解的工艺及研究现状进行介绍。第2章为昭通褐煤的腐植酸提取，以腐植酸的工业分析、总酸性基（羟基、羧基）为腐植酸品质指标，考察了各提取工艺条件对腐植酸提取率及品质的影响，对比分析了各最佳工艺条件下腐植酸、褐煤、脱腐植酸残渣的红外光谱变化，并分析了金属元素在腐植酸提取过程中的分布。第3章为昭通褐煤脱腐植酸残渣的低温热解，以热解煤气、煤焦油及半焦产率为指标，将残渣与褐煤的热解进行对比，考察热解温度、热解气氛、恒温时间、升温速率、矿物质种类等因素对残渣热解特性的影响，并分析了矿物质催化褐煤残渣热解的动力学。第4章为昭通褐煤脱腐植酸残渣低温热解产物特性，以煤气组成、煤焦油的成分变化、半焦的工业分析为指标，将残渣与褐煤的热解产物进行对比，考察热解温度、热解气氛、恒温时间、升温速率、褐煤固有矿物质及外加矿物质等因素对残渣热解热解产物的影响。第5章为昭通褐煤腐植酸与土壤矿物的吸附特性及微生物降解特性，重点考察高岭石、蒙脱石、铝土矿等黏土矿及三种土壤对腐植酸的吸附效果及因素影响，随后考察以真菌、放线菌、细菌为优势菌种的不同培养基中腐植酸的降解情况。第6章为结论，从腐植酸提取、脱腐植酸残渣的热解过程及热解产物品质、腐植酸在黏土矿物及土壤中的吸附特性及土壤微生物对它的降解特性等方面，总结出昭通褐煤腐植酸提取—脱腐植酸残渣热解梯级利用特性。本书可为煤化工、腐植酸领域的研究人员提供参考。

本书腐植酸提取部分的研究工作由研究生王海龙同学完成，脱腐植酸残渣热解部分的研究由路旭阳同学完成，腐植酸在黏土矿物及土壤中的吸附特性由田吉宏同学完成，土壤微生物对腐植酸的降解实验由张忆童同学完成。王平艳提出研究思路，指导整个研究工作，并结合自己专业背景对上述四位同学的研究工作进行整理、总结并撰写本书。在此感谢他们辛勤的劳动和所做的研究工作。

由于作者水平所限，书中不足之处，敬请广大读者和有关专家予以批评指正。

王平艳

2019年10月

目　录

1 绪　　论

1.1 腐植酸的性质、应用及其来源

腐植酸是动植物，且主要是植物的遗骸，经过微生物的分解和转化以及地球化学等一系列过程形成的一类有机物质，是以苯环、芳香环及脂肪族物质组成的大分子物质。腐植酸是由腐殖质物质转化而来的，而腐殖质广泛存在于土壤、低阶煤、风化煤及天然水体中[1]。

1.1.1 腐植酸的性质

按照溶解性腐植酸可分为黄腐酸、棕腐酸和黑腐酸，相对分子质量依次增大，其中黄腐酸（FA）是活性最高的成分[2]，可溶于水和任何酸、碱性溶液和盐溶液，同时也溶于乙醇、丙酮等大多数有机溶剂。棕腐酸能溶于碱溶液、丙酮及乙醇，黑腐酸只能溶解于碱溶液。

腐植酸物质通常是颜色为褐色到黑色间的松散粉状物质（见图 1.1）。以固体状进行运输和生产。腐植酸是一种天然混合有机物，没有固定的熔点，但是在温度高于 150℃时会受热分解。在高温高压条件下加热腐植酸，腐植酸会分解产生刺激性气体。腐植酸有一定的吸水性质，因此通常密封保存。

图 1.1　腐植酸

腐植酸有多种化学性质，包括酸性、离子交换性、络合螯合性能等。腐植酸

的应用范围与其自身多种化学性质是密不可分的。

1.1.1.1 酸性

腐植酸是酸性物质，分子结构中的酸性官能团（主要是羧基和酚羟基）可以给出 H^+，其中羧基（—COOH）的酸性较强，酚羟基（$—OH_{ph}$）可以给出很少量的 H^+，醇羟基酸性极弱，可以忽略。腐植酸作为大分子聚合物，酸性官能团含量较少，因此它是一种弱酸。腐植酸的酸性含量可以通过电位滴定测定[3]。

1.1.1.2 离子交换性质

腐植酸的离子交换性主要体现在羧基和酚羟基与碱金属及碱性试剂的化学反应。腐植酸提取过程采用的碱溶酸析法就是利用腐植酸具有离子交换的性质。

腐植酸的离子交换性强弱不仅取决于官能团含量，还与所反应的阳离子亲和力（结合自由基能力）、腐植酸盐类的解离程度、溶液 pH 值的大小有关系。几种金属阳离子与腐植酸酸性官能团进行离子交换的能力大小顺序为 $Ba^{2+}>Ca^{2+}\gg Mg^{2+}>NH_4^+>K^+>Na^+$。腐植酸氮磷钾肥的生产和应用也主要是因为其离子交换特性。

1.1.1.3 络合螯合性质

腐植酸物质对金属元素及矿物质的络合螯合能力影响其对土壤的改良作用。由于腐植酸含有多种极性官能团（羧基、酚羟基以及含有 O、N、P、S 的基团）及电子受体，因此腐植酸是一种天然的络合螯合剂，最明显的作用是与多种金属离子（Ca^{2+}、Ba^{2+}、Fe^{3+}、Cd^{2+}、Pb^{2+}、Hg^{3+}、As^{3+}等元素）发生络合螯合反应[4]，如图 1.2 所示。

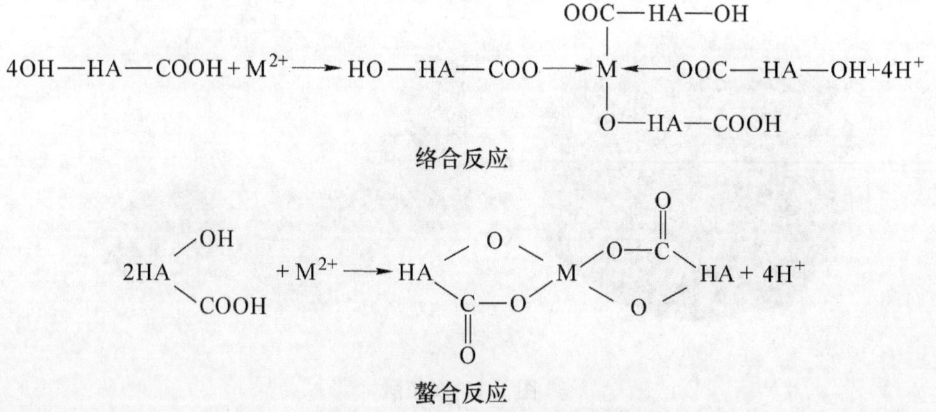

OOC—HA—OH

4OH—HA—COOH + M^{2+} ⟶ HO—HA—COO ⟶ M ⟵ OOC—HA—OH + $4H^+$

O—HA—COOH

络合反应

2HA(OH)(COOH) + M^{2+} ⟶ HA(O)(C(=O)—O) M (O—C(=O))(O) HA + $4H^+$

螯合反应

图 1.2 腐植酸与金属离子的络合螯合反应

1.1.1.4 腐植酸胶体颗粒尺寸和形状

在强碱性溶液条件下腐植酸能够完全溶解，此时的腐植酸碱性水溶液是一种亲水性溶胶[5]，在大多数情况下腐植酸是以敞开的纤维、纤维束及网络的多孔性结构存在于水溶液中，随着溶液 pH 值的变化而发生变化。利用扫描电镜观察腐植酸在不同 pH 值下的结构时发现，在强碱性条件下腐植酸在溶液中呈颗粒状存在，此时的腐植酸尺寸较小。随着酸性的增加，当 pH 值为 8~9 时，腐植酸颗粒会结成片状结构并重叠；当 pH 值在 6~7 时，腐植酸会形成海绵体相似的网络结构。在较低的酸性条件下（pH<3）腐植酸主要以纤维和纤维束状态存在，此时腐植酸会形成大范围的絮凝沉淀，通过碱溶酸析提取法可以得到腐植酸固态产物。

1.1.2 腐植酸的应用

在农业领域，腐植酸的应用主要表现在有机肥料的广泛使用和对土壤的修复作用。

在土壤环境中，腐植酸自身的物理化学性质使得它拥有增加土壤有机质含量，防止土壤板结、沙化，提高土壤持水量等功能[6]。我国耕作土地中的东北黑土地土壤肥沃，适于农业生产，其中一个重要原因就是土壤腐殖质含量较高。向土壤中补充腐植酸物质就是增加土壤中有机质含量，腐植酸物质在改善土壤有机质的同时还能促进农作物的生长。

土壤在干旱和风力作用下颗粒尺寸不断降低，造成土壤沙化和水土流失等问题。向土壤中补充腐植酸有机质能够增加土壤黏性，提高孔隙率，使得土壤能够形成较大团聚体，减缓了土壤沙化程度并提高了土壤持水量[7,8]。

腐植酸是一种亲水性溶胶，在土壤中有蓄水功能。土壤中黏土颗粒的吸水率一般为 50%~60%，而腐植酸类物质的吸水率可达 500%~600%。对干旱地区的土壤施用腐植酸类肥料不仅改善土壤质量，还能保持土壤蓄水量，改善土壤生态环境。

此外，腐植酸还有促进植物体对营养元素的吸收，促进有机物矿化速度，提高肥料缓释长效化，改善土壤酸碱性等功能[9]。

化学肥料的长期使用使得土壤产生了一系列的问题，如土壤板结、沙漠化，土壤肥效降低等。土壤中的营养元素流失直接导致了农作物减产和可耕用地的贫瘠[10,11]。

腐植酸铵肥、腐植酸磷肥、腐植酸尿素、腐植酸钠及腐植酸混合肥等有机肥料在农业上均有较大作用[12,13]。腐植酸肥料及相关产品的农业作用主要体现在以下几个方面：

(1) 改良低产土壤；

(2) 对化学肥料的增效作用；

(3) 刺激植物生长及发育，如腐植酸对大豆、苹果树、烟草、茶树等有促进作用等[14]；

(4) 促进土壤养分转化；防止土壤板结及沙漠化，增加土壤含碳量及黏性；

(5) 改善和提高农产品的品质以及增强农作物的抗逆抗旱性能。

此外，在农业领域，腐植酸制造新型农药、液态地膜和保水剂也是研究者们关注的焦点。

油田钻井液处理剂是腐植酸工业中应用最广泛、使用量最大的领域。钻井液处理剂是在进行石油天然气等地层能源开采过程中使用的循环流体，有清洗井底及井壁、夹带出悬浮岩屑、冷却并润滑钻头钻柱、形成饼泥保护井壁、控制地层压力以及为钻头传递水功率等重要作用。腐植酸类物质在调整钻井液的流变性、降滤失性和岩屑分散抑制性等方面有重要作用，且腐植酸来源广泛，能够与黏土矿物发生作用，因此是钻井作业中常用的处理剂[15]。

腐植酸的胶体化学性质和物理性质使得它有很大的内表面和很强的吸附、交换、络合或螯合的能力，这使得腐植酸的钠盐可以作为陶瓷原料的添加剂。腐植酸在陶瓷加工领域主要是通过改变泥料的流变性，降低陶体塑性黏度，提高沉降稳定以及分散黏土颗粒凝聚力等方面来提高陶瓷性能和品质[16]。

此外，在煤炭加工领域，腐植酸可作为粉煤、粉焦成型的黏结剂和水煤浆的分散稳定剂[17]。在其他方面，腐植酸还能够应用于锅炉水质处理、冶炼、机械工业和日用化妆品等领域。

腐植酸在环保领域的应用主要体现在对土壤和水体中重金属及有毒污染物的缓冲、沉淀，废水中重金属离子的处理等[18]，其中腐植酸类物质及衍生物对重金属离子的吸附作用是腐植酸环保应用的主要研究方向。

虽然近几十年来国内外利用腐植酸吸附 Cr^{6+}、Ni^{2+}、Cu^{2+} 等电镀废水中的金属离子的研究从未停止过，且 HA 吸附材料也有创新，但是 HA 吸附剂的工业化大规模应用却仍有很长的路要走。

我国对腐植酸的现代医药应用比较早，在 20 世纪 50 年代已开始进行腐植酸的医学研究。目前我国主要有云南一平浪制药厂、大同制药厂、巩义制药厂、延边制药厂、通化制药厂等进行腐植酸药品的大规模生产，主要产品为黄腐酸型水剂、粉剂、膏剂和胶囊等 7 种药物产品，其中已形成商品的品牌有富敏、止血粉、妇治栓、胃肠乐、烧烫伤软膏、克浊肾舒散、风湿浴疗剂、抗肿瘤针剂等[19]。

1.1.3 腐植酸的来源

在工农业领域中，生产腐植酸原料主要有两大来源：一类为煤类物质，主要是指风化煤、褐煤、泥炭，属于不可再生资源；另一类为生物质原料，包括农作物秸秆、有机废弃物等含酚、醌、糖类等物质，它们经过生物发酵、氧化或合成可以生成腐植酸类物质。

利用风化煤、褐煤提取得到的腐植酸与以生物质为原料得到的腐植酸在结构和性质上是一致的，其差异主要体现在利用生物质原料生产腐植酸物质过程中需要微生物发酵作用[20]，因此产物中有一定含量的生化黄腐酸存在，同时生物质本身的氮磷钾元素含量较高，属于一类天然有机肥料，在农业领域生物质原料发酵生产腐植酸有机肥应用较多。

与生物质发酵生产的生化腐植酸相比，风化煤、褐煤生产的腐植酸盐，如腐植酸钾、腐植酸钠等产品是工业应用中腐植酸的主要来源，应用最大的是作为钻井液处理剂，此外还包括陶瓷添加剂、煤炭加工等领域。在农业应用方面，腐植酸作为大分子有机物通常不会直接释放到土壤中，而是与氮磷钾等物质结合制造成腐植酸肥料加以利用，促进农作物对矿物质的吸收和肥料缓释长效化。煤炭腐植酸在农业中最重要的应用是对于土壤的改良，包括促进微生物生长活动，提高土壤的酶活性和固定营养物质能力，改善土壤结构等作用[21]。

1.2　褐煤腐植酸提取工艺及研究现状

1.2.1　褐煤腐植酸提取工艺

我国煤炭资源丰富，在已探明储量的煤炭资源中，褐煤资源约占17%，有1200亿吨以上的储量，泥炭储量也有上百亿吨，风化煤的储量也非常丰富。基于褐煤、泥炭热值低、灰分含量高、燃烧效果差及对环境影响较大等因素的考虑，褐煤、风化煤等低级别煤资源的利用一直停滞不前。而利用褐煤、泥炭和风化煤作为腐植酸提取的原料则越来越成为研究者们关注的热点[22]。

腐植酸的提取主要采用碱溶液或可溶解腐植酸的试剂作为萃取剂溶解腐植酸和盐酸酸析的方法，其中萃取剂的选择非常重要。腐植酸萃取剂不仅要求能够充分切断腐植酸与各种金属离子的结合键，破坏腐植酸物质和非腐植酸物质的结合吸附力和键能，同时还应能够尽量保持腐植酸的原分子结构。根据腐植酸提取的要求，有多种腐植酸萃取剂可供选择，主要包括强碱液、中性盐、有机酸盐和有机溶剂或螯合物等，实际生产或研究中常用的萃取剂见表1.1，根据具体需求选择不同萃取剂，其中氢氧化钠强碱液常常作为腐植酸萃取剂的使用[23,24]。

表1.1　不同萃取剂腐植酸提取率

萃取剂		腐植酸产率/%
强碱	NaOH、KOH	约80

续表 1.1

萃 取 剂		腐植酸产率/%
中性盐	Na_2CO_3	约 30
有机酸盐	$Na_4P_2O_7$、NaF	约 30
	$Na_2C_2O_4$	约 30
有机螯合物	乙酰丙酮	约 30
	EDA（无水）	16
	EDTA-Na①（1mol/L）	63
	EDA②（2.5mol/L，pH=2.6）	5
有机溶剂	吡啶	36
	DMF③	18
	DMSO④	22
	四氢噻吩	23
	HCOOH	约 55
丙酮-水-HCl		约 20

①EDTA-乙二胺四乙酸钠盐；

②EDA-乙二胺；

③DMF-二甲基甲酰胺；

④DMSO-二甲基亚砜。

1.2.2 褐煤提取腐植酸过程的活化处理

利用褐煤、泥炭及风化煤提取腐植酸过程中会发现原料中腐植酸含量较低的问题，尤其是一些地区含有较多有机质但腐殖质含量低的褐煤或泥炭。因此在腐植酸提取过程中，原料的活化变得尤为重要。

国内外针对不同褐煤原料进行了腐植酸提取中的原料活化预处理研究，以提高腐植酸提取率或原料中非腐植酸物质向腐植酸的转化。目前常用的方法包括机械活化、氧化降解、超声波处理等方法，微生物对褐煤的转化也经常应用于腐植酸的活化和提取研究。

1.2.2.1 机械活化

在腐植酸提取过程中，原料煤的机械破碎和粉磨能够增大煤的比表面积，从而提高了腐植酸的提取率，且腐植酸整体结构不会受到影响。研究结果[25]表明，机械活化能够提高煤多孔性和比表面积，引起超分子结构和化学组分的变化，强烈的粉碎和分散还可以引起煤中有机物质发生轻度氧化降解作用，包括弱化学键以及烷基结构的断裂或变形，相对分子质量变小，含氧官能团增加，腐植酸和黄腐酸含量增加[26]。

1.2.2.2 氧化预处理

腐植酸所包含的黄腐酸是活性最高的组分，然而褐煤和风化煤中黄腐酸含量较低，在腐植酸产物中黄腐酸含量也较少。因此针对提高褐煤中黄腐酸含量，研究者们进行了一系列的科研实验。如张水花等人[27]采用双氧水氧化褐煤进行腐植酸提取，并利用 pH 值分级法分出主要组分，对褐煤降解前后所提取的腐植酸进行了化学组成分析，研究表明对黄腐酸产率影响最大的因素是煤与氧化剂质量比，其次是氧化降解温度，双氧水浓度影响最小。高丽娟、杨小莹等人[28]则采用超声—硝酸联合法进行了腐植酸的提取研究，详细考察了硝酸预处理、酸化程度、碱液浓度等条件对腐植酸提取率的影响，并通过正交设计选择出了最佳预氧化条件和褐煤腐植酸的最佳提取条件。

以过氧化氢和硝酸作为活化剂进行腐植酸的活化及黄腐酸的提取是目前常用的化学降解方法[29]，同时我们应该认识到硝酸作为一种较强的氧化剂，在腐植酸氧化处理方面有着较好的降解效果，更是提高了活性组分黄腐酸的含量，但是在后续处理过程中硝酸的污染性问题很难解决，因此硝酸活化腐植酸技术应用较少。

1.2.2.3 超声波活化

超声波活化褐煤的原理是利用超声波产生的高频（20kHz 以上）机械振动波在溶液体系中产生的声空化过程，使处于空化中心附近的大分子受到严重的损伤以至破坏，随着超声波功率增大，可以使分子微粒相互作用加强，从而破坏大分子结构。在一定功率下，超声波活化能够破坏煤中的结合态腐植酸，生成游离态腐植酸，从而提高活性组分含量[30]。

活化处理制备腐植酸的方法还包括原料的酸化、介孔催化剂作用、脲基活化等方法[31]，其目的都是提高腐植酸提取率和提高腐植酸的活性。腐植酸原料活化处理一直是研究者们热衷于研究的问题。

1.3 昭通褐煤的特性、研究现状和发展趋势

中国褐煤资源极其丰富，储存量巨大，目前已探明的储量约为 1300 多亿吨[32]，占煤炭资源总量的 17%，主要分布在内蒙古东部，黑龙江东部和云南东部[33]，其中昭通煤田位于云南省东北部，乌蒙山北部群山环绕的山间盆地之间，属于第三纪年轻的褐煤资源[34]，该地区资源区域面积达 230km^2，资源分布呈北

东—南西走向，南北长约 20km，东西长约 15km，褐煤储存量极为丰富，目前已探明的储量超过 80 亿吨[35]，占云南省褐煤资源的 51.8%，是我国南方最大的褐煤田。

1.3.1 昭通褐煤特性

昭通褐煤储存量巨大，煤层厚，由于昭通褐煤盆地的雏形主要是通过溶蚀—侵蚀形成的[36]，使得煤层上的覆盖物较薄、岩化程度低、质地松软、切割阻力小，易于开采，且地区气候温和，终年无冻土，可四季开采，具有露天开采的优越条件，目前昭通煤矿的三个采煤层均是露天煤矿。

昭通褐煤具有以下性质：

(1) 水分含量高。昭通褐煤的煤化程度较低，且储存在难以疏干的含水层中，使得昭通褐煤的含水量较高，原煤的全水分含量占据 50%以上，其中高达 60%的水分属于外在水分，如此高含量的水分给昭通褐煤利用过程中的运输、干燥和脱水带来了较高的成本，给昭通褐煤的利用带来了不利条件，通常将开采出的昭通褐煤在自然条件下进行暴晒，以减少昭通褐煤的水分含量。

(2) 灰分含量高。昭通褐煤地处云贵高原，在形成的过程中由于受到云贵高原独特的喀斯特地形和地球化学作用的影响，使其掺杂了较多的石灰岩物质，导致昭通褐煤具有较高的灰分含量，灰分含量高达 30%左右。有学者研究表明，昭通褐煤的灰分主要由 SiO_2、Al_2O_3、CaO、TiO_2、MgO 和 Fe_2O_3 等组分组成[37]，可作为生产水泥和建筑材料的良好原料，其中 CaO 和 SiO_2 含量较高，占据了灰分的 50%左右，灰分含量的高低影响着褐煤的品质，对褐煤的工业应用也起着重要的作用。

(3) 热值低。由于昭通褐煤较高的水分含量和灰分含量，使得昭通褐煤的热值也较低，曾有研究者初步测算，昭通褐煤原煤热值仅为 4.70MJ/kg，远低于国家标准的低热值煤指标的下线值 8.50MJ/kg[38]。

(4) 稳定性差。昭通褐煤的稳定性较差，由于昭通褐煤在开采后多是以块状形式存在的，其中尺寸大于 25mm 的煤块占 75%以上，且在日光照射及露天风干下容易发生龟裂，褐煤的机械强度较低，不利于进行长途运输及其他工业生产。

(5) 活性高。虽然昭通褐煤的水含量、灰分含量、热值、稳定性等方面较差，但昭通褐煤也有着自己的优势，作为年轻褐煤，昭通褐煤有着较高的挥发分含量[39]，化学活性较高，是很好的煤热解及气化原料，也是腐植酸及褐煤蜡提取的优质原料。

1.3.2 昭通褐煤的基本特征表征

1.3.2.1 昭通褐煤的腐植酸含量、工业分析、含氧官能团分析

云南昭通褐煤腐植酸含量、工业分析及酸性含氧官能团含量分析见表1.2。

表1.2 昭通褐煤原料品质分析

腐植酸含量/%		工业分析/%				官能团含量/mmol·g^{-1}		
总腐植酸	游离腐植酸	M_{ad}	V_{ad}	A_{ad}	FC_{ad}	总酸性官能团	—COOH	—OH
44.34	36.86	7.10	37.84	30.67	24.40	1.8389	1.2542	0.5847

由表1.2中检测数据可知，昭通褐煤灰分含量相对较高，但腐植酸含量较高，有利于腐植酸的提取研究。

1.3.2.2 褐煤原料金属元素含量检分析

昭通褐煤的金属元素含量见表1.3。

表1.3 昭通褐煤的金属元素含量

元素	K	Na	Ca	Mg	Al	Fe	Si
含量/%	0.38	0.056	3.71	0.51	3.64	1.88	6.18

从表1.3中可以看出昭通褐煤原料中各金属元素含量较高。

1.3.2.3 褐煤原料红外光谱图

图1.3所示为昭通褐煤的红外光谱图，图中3600~3300cm^{-1}吸收峰属于氢键缔合的脂肪和芳香族—OH伸缩振动吸收；在3000~2800cm^{-1}位置处三种褐煤均有一个双肩峰吸收，属于脂肪结构的C—H伸缩振动吸收，不同褐煤吸收强度存在差异；2700~1800cm^{-1}范围内几乎没有吸收峰的存在，主要是氢键结合的羧基引起的；本应该在1720cm^{-1}位置处羧基和羰基官能团的C═O伸缩振动吸收发生红移，吸收位置波长变为1620cm^{-1}，在1140~950cm^{-1}范围内存在不同吸收强度的吸收峰，属于羧基官能团的C—O伸缩振动吸收和O—H的变动振动。

1.3.3 昭通褐煤利用研究现状和发展趋势

早在20世纪70年代，昭通褐煤资源的开发利用就已经引起了云南省的高度重视。昭通褐煤由于具有较高的挥发分含量，可作为气化热解工艺的原料，在此方面，最开始设想的是采用德国1926年开发的温克勒炉工艺进行褐煤的气化，

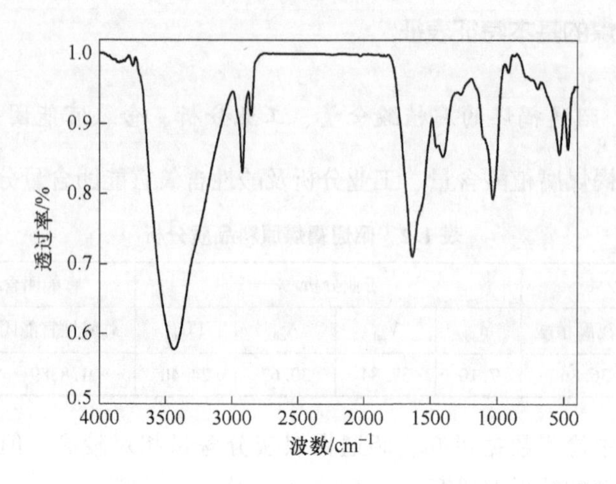

图 1.3　昭通褐煤红外光谱图

并进行下游产品如氨、甲醇的生产，但是由于该工艺本身不太成熟，气化条件苛刻，投资成本较高，并未得到大规模的开发利用，直到 1999 年，昆明理工大学和清华大学共同提出了焦载热流化床气化技术，在清华大学煤燃烧国家工程研究中心开发了一套焦载热流化床气化工艺中试装置，该工艺以褐煤半焦为热载体，并以流态化的方式进行物料和热量的传输，生产能力为 150~200kg/h，气化产率（标态）在 $400m^3/t$[40]，初步为昭通褐煤气化的工业化利用提供了基础资料。尽管如此，由于昭通褐煤的高水分、高灰分、稳定性差等特点，使昭通褐煤的热解气化仍处于实验室研究阶段，至今仍未进行大规模的工业化应用。

国内对昭通褐煤的研究主要停留在褐煤的脱水提质和气化热解等方面。褐煤提质主要是通过褐煤与高温高压蒸汽或热油直接接触使水分脱出，从而达到改变褐煤物理化学结构的目的。这种改变在一定程度上使褐煤利用范围增加，如褐煤发生收缩变得更加致密，疏水性增强等，使褐煤成为洁净高效的烟煤燃料[41,42]。国内研究者如徐东方等人[43]对昭通褐煤进行了水热提质处理，通过处理后的煤的复吸程度、红外光谱、孔容的测定考察了水热处理对昭通褐煤表面性质以及孔隙结构的影响。实验结果表明，提质终温是影响褐煤复吸程度的关键因素，水热处理使褐煤的分子结构发生变化，含氧官能团数量随温度升高而降低，水热提质改变了煤的孔隙结构，孔容随温度升高而增大。陈月鹏等人[44]则利用振动热压联合脱水方法，对昭通褐煤进行了脱水处理。研究了温度、压力、振动时间及激振力 4 个工艺条件对褐煤脱水率的影响。研究结果表明，褐煤振动热压脱水工艺中，温度和压力是影响褐煤脱水成型的重要因素，在振动-静压力-热的协同作用下，褐煤可在较温和的工艺条件下、较短作用时间内高效脱除水分，振动作用可加速褐煤脱水，脱水率可达 60%以上。

昭通褐煤挥发性较高，因此可以进行部分气化热解或半焦气化研究。沈强华等人[45]针对昭通褐煤特点，以 O_2/水蒸气作为气化剂，对褐煤半焦进行了气化实验研究。在半焦的气化过程中，随着气化温度的提高，气体中 CO 和 H_2含量增加，而 CO_2和 CH_4的含量减少，煤气热值和合成气产率均增加。在温度一定时，随着氧气流量的增加，煤气中 CO 含量和 H_2含量先增加然后逐渐减少，CH_4含量减少而 CO_2含量增加，煤气热值和合成气产率均存在最大值。刘云亮等人[46]对昭通褐煤进行了热解研究并得到了升温速率和热解温度对褐煤热解煤气成分、煤气热值和产气率的影响规律。热解气体的变化规律体现在随着热解温度的升高，煤气中的 H_2和 CO 的含量逐渐增多，CO_2含量明显降低，CH_4的含量先增加后降低，煤气热值和煤气产率提高。同一热解温度下，随着升温速率提高 CO 含量逐渐增多，CH_4和 CO_2含量逐渐减少，H_2含量变化较小；热解煤气热值和产量均有所增多，增加幅度都是由大变小。

虽然昭通褐煤能够进行气化和热解，但是目前对其利用程度还仅局限于实验室阶段，且气化热解的实验结果过于理想化。直到现在，对昭通地区褐煤的开发利用已经酝酿了 30 多年的时间，但迟至今日也未能起步进行大规模的开采和工业应用。其中最重要的一个原因是没有找到一条经济合理、环保高效的综合利用途径。

戴少康[47]在研究中指出，昭通褐煤在移动床、流化床、气流床气化，液化和动力发电中由于褐煤自身的水分、灰分及热值等问题均导致上述应用只能处于试验阶段而无法形成大规模工业化生产。然而，昭通褐煤拥有较高含量的腐植酸，是一种生产腐植酸类产品的优质原料，从技术和生产工艺角度来讲，利用昭通褐煤进行腐植酸的提取是目前比较现实可行的利用途径。

昭通褐煤中含有丰富的腐植酸，是一种优质的腐植酸原料，众多学者在昭通褐煤提取腐植酸的工艺上也做了大量研究。何书祥[48]以昭通褐煤为原料，用稀硫酸和氢氧化钠溶液进行腐植酸的提取，并考察稀硫酸浓度、氢氧化钠浓度及提取时间对腐植酸提取的影响，得出在稀硫酸浓度为 3mol/L、氢氧化钠浓度为 1mol/L、提取时间为 1h 时提取效果最佳，在此条件下的腐植酸提取率可达 31.3%；姜明林[49]以昭通褐煤为原料，进行腐植酸的提取研究，考察氢氧化钠溶液的浓度、温度、时间对腐植酸提取率的影响，研究发现在氢氧化钠浓度为 1mol/L，温度在 70℃，提取时间为 3h 的条件下提取效果最佳，得到的腐植酸提取率高达 49.50%；王海龙[50]分别以昭通、小龙潭、先锋三个地区的褐煤为原料进行腐植酸的提取，得出在碱浓度为 1.5%，温度在 80℃、提取时间为 3h、酸析 pH 值为 1 的条件下腐植酸的提取率最佳，且三种褐煤原料中，昭通褐煤腐植酸的提取率远高于其他两种褐煤，总酸性官能团含量也较高，是提取腐植酸的优质原料。

目前我国在大力倡导“低污染、低耗能、低排放”等低碳活动，国家也在进行煤化工企业的转型和整改，国内企业在污染、耗能等方面也极其重视，因此利用昭通褐煤进行燃烧发电、热解气化生产化工产品代价较大，并不符合国家资源科学发展的要求，而对昭通褐煤进行腐植酸的提取，是一个经济环保的利用方向，而且从技术角度讲，这也是昭通褐煤比较现实可行的利用途径。

1.4 脱腐植酸的昭通褐煤残渣的利用现状

以昭通褐煤为原料进行腐植酸的提取切实可行，并且提取效果极佳，提取的腐植酸品质较高，但提取完腐植酸的残渣中还具有半数以上的有机质，此部分物质若不进行利用会造成资源上的极大浪费。关于残渣的再利用，郑李纯[51]研究过提取完腐植酸的天祝褐煤残渣对污水中 Cr 的吸附性能，得出在室温条件下，pH=5 时，褐煤残渣对 Cr 有较好的吸附性能，吸附平衡时间为 4h。李静萍[52]同样也研究褐煤残渣对污水中 Cu^{2+}的吸附性能，得出在室温下，pH 值在 5~6 区间时，褐煤残渣对 Cu^{2+}有较好的吸附效果。Zhang[53]在褐煤残渣的吸附性能上也做了相关研究，他发现随着 pH 值的增大，残渣对水中的 Pb^{2+}的吸附量增大，在前 15min 的时间内吸附量很大，1h 后吸附量基本不变，达到吸附平衡。

关于提取完腐植酸后的褐煤残渣，国内外学者仅在其对重金属离子的吸附性能上做了相关的研究，利用了残渣的多孔性能，而其他方面的研究报道几乎没有。

由于褐煤残渣中还含有 50%以上的有机质，对该残渣进行热解，以获取煤焦油及半焦，可最大限度地利用昭通褐煤资源。

1.5 煤 热 解

煤的热解也称煤的干馏，是指煤在隔绝空气或在惰性气氛下加热，在高温下发生的一系列的物理变化和化学反应，在这一过程，化学键的断裂是最基本的化学变化，煤中的有机质在高温下发生各种变化，最终形成热解气、焦油和半焦(焦炭)，煤的热解过程可大致分为以下三个阶段[54]。

(1) 第一阶段（室温~200℃）。此阶段主要是煤的干燥脱气阶段，在达到煤的活泼分解温度以前，吸附在煤孔隙中的水分子和气体受热脱出。其中在 120℃以前主要是煤的脱水干燥阶段，吸附在孔隙和表面上的水分子受热逸出，包括外在水分和内在水分；120~200℃是煤的脱气阶段，此阶段为脱吸过程，吸附在孔隙中的气体被脱除，如 CH_4、CO_2、N_2等。整个第一阶段煤的外形无明显变化。

(2) 第二阶段（200~550℃）。此阶段是煤的活泼分解阶段，煤的分子结构开始受热发生解聚反应和分解反应，以及部分分子结构发生缩聚反应，释放出大量的挥发分，气体产物以 CH_4、H_2、CO、CO_2、C_2 ~ C_4小分子烃类为主，液体产物在室温下冷凝成焦油，生成的半焦与原煤相比，芳香层片的平均尺寸和氢密度变化不大。该阶段生成了气、液固三相一体的胶质体，使煤发生熔融和流动。

(3) 第三阶段（550~1000℃）。此阶段又称二次脱气阶段，以煤分子的缩聚反应为主，半焦转化成焦炭，芳香核增大，有序度提高，并释放出大量煤气，此阶段几乎不产生焦油，半焦分解出气体收缩，并产生裂纹，一些具有较高活性的挥发分在逸出的过程中有可能进行裂解或再聚合和的二次反应。

煤化程度较低的煤，如褐煤，在热解的过程中不存在胶质体形成阶段，仅发生激烈的分解反应，释放出大量的热解气和焦油；煤化程度较高的煤，如无烟煤，热解过程比较简单，是一个连续析出少量热解气的分解过程，既不形成胶质体也无焦油的产生。

1.5.1 煤热解反应的影响因素

众多研究者发现，煤的热解特性即与煤本身的性质有关又与外部的热解条件有关。煤自身的性质包括煤化度、煤岩组成及煤的粒度等，煤外部的热解条件包括煤的热解温度、升温速率、热解气氛、压力、添加剂及预处理等因素。

1.5.1.1 煤化度的影响

煤化程度是影响煤热解的重要因素之一，煤化度对煤的热解反应活性、煤的起始热解温度以及热解产物分布都有较大的影响作用。随着煤化程度的升高，煤的热解反应活性增加，热解起始温度升高；对于低变质程度的煤，其热解气、热解水和焦油的产率高，热解过程不具有黏结性，无法结成块状焦炭；中等变质程度的烟煤热解时，热解气、焦油的产率较高，热解水产率低，热解过程黏结性强，能形成中等强度的焦炭；高变质程度的煤（贫煤以上）热解时，热解气产率低，基本无焦油产生，也无黏结性，生成大量粉状焦炭。Tyler[55]在流化床反应器上对维多利亚褐煤和 10 种烟煤进行热解实验研究，研究发现，对于不同的煤种，焦油的最大产率对应的温度不同，最大焦油产率和焦油的 H/C 与原煤的 H/C 成比例；Xu[56]对 17 种不同煤化程度的煤进行热解研究，发现煤化程度越高，总挥发分产率、热解气产率以及含氧物质（CO_2、CO 和 H_2O）的产率越低，C_1 ~ C_3的轻质烃类增加。煤岩组成对热解产物分布也有较大的影响，通常热解气及焦油产率以稳定组最高，焦炭产率以惰性组最高[57]。

1.5.1.2 煤粒径的影响

煤的粒径大小对煤热解也产生一定的影响，粒径的大小影响着挥发分从颗粒内部向外部传递的过程[58]，通常粒径越大，颗粒内部的温度梯度越大，挥发分的传递速率变慢，挥发分在颗粒内部的停留时间延长，增大了挥发分二次反应的概率，从而影响最终的热解产物，粒径越大，煤的最终失重量也有所降低[59]。Kök[60]研究了粒径对煤热解失重行为的影响，发现粒径对煤热解的表观活化能有影响。张红江[61]利用热重分析仪对褐煤的热解失重规律做了研究，得出大粒径颗粒不易使热解反应完全进行，在同样的热解速率下，粒径越大对应的热解温度越高。

1.5.1.3　热解温度的影响

温度是影响煤热解的最重要的外部影响因素，它不仅影响着煤的初级热解产物，而且对初级产物的二次反应也有着较大的影响作用。Xu[62]对7种煤的热解特性和二次反应的研究结果表明，在600℃以前，挥发分几乎不存在二次反应，而在600℃以后，二次反应明显增多，焦油的二次裂解和聚合反应，使得焦油的收率减少，热解气和半焦的收率增大。Xu[63]研究了褐煤低温热解下气体的释放随温度的关系，其研究结果表明热解温度在250~300℃，此时气体的产生主要是褐煤中吸附气的脱除，在410~440℃时，热解气中CO_2的量最大，在485~515℃时热解气中CO的含量最大，535~565℃时热解气中含有大量的烷烃类，当热解温度超过600℃，热解气的产生量会随着热解温度的升高而增大，H_2和CH_4的含量也会随着温度的升高而增大。Tanner[64]研究了低温下维多利亚褐煤的热解，研究发现随着热解温度的升高，半焦和焦油的产率下降。Takarada[65]等人研究了亚烟煤在流化床上的热解，研究结果表明，在较低的温度下，煤热解产生的轻质烃类较高，苯、甲苯、二甲苯的产率随着温度的升高而升高，之后又会呈下降趋势。

1.5.1.4　升温速率的影响

升温速率对煤热解具有较大影响，升温速率越高，煤热解所需的时间越短，但由于颗粒内外部温差加大，会产生传热滞后效应，使气体析出时的温度和气体最大析出量的温度向高温侧移动。韩永霞等人[66]研究了升温速率对煤热解动力学的影响，其研究结果表明，升温速率越大，煤大分子侧链的断裂和芳香稠化的破裂速度加剧，热解到的液体产物增多。Okumura[67]在研究升温速率和煤种对焦油组成的影响结果中表明，升温速率越大，煤热解得到的挥发分产量越多，焦油中苯、苯乙烯、茚、萘以及3~5环多环芳烃的含量增加。Yan等人[68]也在其研究结果中表明，煤在快速热解时轻质气体的产率要远大于在慢速热解时的产率，升温速率对煤热解的影响主要是提高碳转化成气体的转化率，大大增加了气态烃的产率。

1.5.1.5 压力的影响

热解压力对煤热解产物也具有较大的影响，增大热解压力可阻碍挥发分的逸出，使热解产物在颗粒内部的停留时间增加，增加了热解产物尤其是焦油的二次反应，使部分焦油缩合生成焦炭，热解气和焦油的产量减少；热解压力的减小使挥发分的逸出阻力减小，缩短了挥发分在颗粒内部的停留时间，二次反应的概率降低，热解失重量大，焦油和热解气的产量增多[69]。鞠付栋等人[70]指出压力对煤热解的影响主要表现在两个方面，一是压力的增大会促进焦油的二次裂解，使焦油的产率降低，热解气的产率增大；二是压力增大可促进半焦的缩聚反应，形成焦炭。Porada 等人[71]研究了压力对热解气组分的影响，其研究结果表明，压力增大，热解气中 CH_4 产率增多，H_2、CO、CO_2 等组分产率下降，而 C_2、C_3 等烃类气体产率基本不受压力的影响。

1.5.1.6 热解气氛的影响

热解气氛对热解气、焦油及半焦的品质都有较大的影响，典型的煤热解气氛主要有 H_2 气氛、N_2 气氛、热解合成气气氛、CO_2 气氛、水蒸气气氛等，而在活性气氛中，H_2 气氛下的热解受到最广泛的研究，在 H_2 气氛下，自由基与氢结合，减少了自由基相互缩合的概率，与常压惰性气氛相比，加氢热解可提高碳转化率和焦油产率，焦油中的轻质芳烃含量增多，尤其是苯、甲苯、二甲苯等。Yabe 等人[72]研究了在高压、高升温速率下煤的热解，发现焦油的产率和氢气的浓度呈反比。Xu 等人[73]也研究了高压 H_2 气氛下煤的热解，也得出 H_2 的压力越高，焦油产量越低。Braekman-Danheux 等人[74]研究了煤在焦炉煤气气氛下热解的产物特性，其研究结果表明，焦炉煤气下，碳转化率、焦油产率较 H_2 气氛下有所降低，较 He 气氛下有所增高。Zeng 等人[75]的研究结果表明，随着过量空气系数 ER 的增加，焦油和半焦的产率下降，半焦的 CO_2 气化活性随着空气系数 ER 的增加先升高后下降。

1.5.2 添加剂对煤热解的影响

金属或金属盐的添加可以降低煤的热解温度，提高热解转化率，改变热解产物的产物分布，并获得一些高附加值的产品，因此受到众多研究者的研究，并且也获得了较好的研究成果。

1.5.2.1 碱金属对煤热解的影响

有关碱金属对煤热解的影响，国内外学者也做了较多的研究。熊杰等人[76]研究了原煤、酸洗煤、负载碱金属煤样在 800~1050℃ 的热解，其研究结果表明，碱金属的存在，对热解和气化阶段都有影响，碱金属促进了热解反应的进行，降低了气化反应的活化能。Zhu 等人[77]研究了煤与生物质共热解，其研究结果发现，由于生物质中含钾元素的特性，致使共热解制得的热解半焦具有较高的气化反应活性。Xu 等人[78]研究了碱金属对煤热解和气化阶段的催化作用，并用动力学模型来描述在碱金属催化剂下煤焦气化反应速率，得出碱金属离子交换后的半焦具有较高的气化反应速率。许慎启等人[79]研究了碱金属和灰分对煤热解的影响作用，通过原煤、酸洗煤、酸洗脱灰并负载 NaOH 的煤样进行研究，制得焦样，并通过 XRD 技术研究焦样表面的微晶结构变化，研究结果表明，用氧化还原反应表述碱金属催化热解机理是不恰当的，碱金属的存在可降低煤焦微晶结构的规整程度，阻碍了半焦的石墨化进程，增大了煤焦的热解气化活性。

1.5.2.2　碱土金属对煤热解的影响

关于碱土金属对煤热解的影响，目前研究最多的是 Ca 对热解的催化作用，朱廷钰等人[80]通过实验研究结果表明，CaO 对煤热解有显著的催化作用，可以降低煤热解低温段的活化能，并且也通过实验推测了 CaO 对多环芳烃侧链的催化裂解机理。程乐明等人[81]的研究结果表明，CaO 可提高热解气的产率，降低热解气中 CO_2的体积分数，提高 H_2的体积分数，并对碳转化率具有催化作用。韩艳娜等人[82]在煤中添加不同质量的 $Ca(NO_3)_2$，其研究结果表明，碱土金属 Ca 的添加促进了煤中含氧官能团的断裂，热解失重率随着 Ca 含量的增加而增加，特别在 500~800℃区间，影响更为显著，并且热解后的半焦比表面积增大，增加了半焦的气化活性。杨景标等人[83]通过一系列的研究表明，碱土金属 Ca 的添加可以提高煤焦的水蒸气气化活性，使其气化温度降低 40℃，且 Ca 的添加量与气化活性之间存在最佳比例。Tsubouchi 等人[84]发现在煤热解过程中，CaO 的添加可以促进煤中的 N 元素转化成 N_2、NH_3等挥发性气体，并通过实验研究推导了催化机理：CaO 通过促进炭的晶体化来促进焦-N 之间的反应。

1.5.2.3　过渡金属对煤热解的影响

在煤热解过程中，众多研究者发现过渡金属元素具有较好的催化作用，尤其是其良好的催化加氢性能受到研究者的广泛关注，目前国内外学者研究最多的过渡金属催化剂主要是铁基催化剂，铁基催化剂包括铁盐，铁的硫化物以及铁的氧化物。王美君等人[85]以神东和新疆煤为研究对象，在微量热重、常量固定床反应器中分别对原煤、酸洗脱灰煤、酸洗脱灰负载铁的煤样在热解过程中的失重量和气体产率进行了对比分析研究，研究结果表明，Fe 显示了良好的催化作用，载 Fe 煤的热解气产率大于原煤和酸洗煤，Fe 的催化作用表现在煤的缩聚阶段，提高了热解气中 H_2的含量，并且对于变质程度越低的煤催化作用越明显。公旭中等人[86]研究了负载 Fe_2O_3脱灰煤的热解反应性，得出负载 Fe_2O_3的煤样热解活性高，热解转化率增大，热解过程中自由基增多，得到的半焦微晶结构石墨化程度降低，半焦的有机结构有序化程度降低。Freund 等人[87]的研究结果表明，高价铁氧化物在转化为低价铁氧化物的过程中可以增加铁的反应活性位，但灰分中 Si、Al 等元素的存在会降低 Fe 的催化活性；而其他过渡金属的研究较少。Zou 等人[88]研究了 $NiCl_2$、$CoCl_2$和 $ZnCl_2$对褐煤热解的影响，发现 $NiCl_2$增加了焦油中轻质组分的含量，降低了热解气中 CO_2的含量，而 $CoCl_2$和 $ZnCl_2$增加了焦油中芳香烃的含量，降低了焦油中脂肪烃的含量。

1.6 腐植酸在土壤应用中与土壤矿物的复合特性及微生物的降解特性

土壤有机碳是土壤肥力和基础地力重要的物质基础。针对不断下降的土壤有机碳含量，人们采取的土壤补碳措施有[89]：秸秆还田、增施工业堆肥和厩肥、腐植酸肥料等有机肥。其中腐植酸肥料因具有“改良土壤、增进肥效、刺激生长、促进抗逆、改善品质”五大作用而被广泛使用。腐植酸是一类结构复杂的高分子物质，不同来源，其结构、性质各异，施入土壤后对土壤物理化学性质及微生物活性的影响不同。作为肥料的腐植酸来源渠道较多，褐煤因其储量大且腐植酸含量高，成为主要的腐植酸来源。

但是添加的外源有机碳的稳定性影响着它们改良土壤的特性，而外源有机碳在土壤中稳定性与土壤矿物有关，不同矿物对外源有机碳的复合性能不同[90]、所实施的保护不同[91~95]：在高岭石、伊利石、膨润土分别与沙混合制得人造土中，土壤有机质的矿化不同，对相同的有机物，蒙脱石的保护特性大于高岭石[92]；火山灰土及灰化土对有机质的保护作用大于始成土[94]；研究者们初步总结出如下的稳定机理[96]：

（1）被复合的有机碳不能被微生物酶所降解；

（2）微生物酶吸附于矿物质后失去活性；

（3）矿物质直接影响微生物，改变其活性；

（4）矿物质改变了环境的 pH 值；

（5）基质吸附于矿物质，导致有机碳不能被微生物利用。但更多的研究均偏向于机理（1）。

外源有机碳在土壤中稳定性与土壤微生物群落有关。不同的微生物对有机碳的降解效果不一样[97]。

腐植酸作为土壤有机质的主要组成部分，对于它在土壤中的复合特性、机制及复合影响因素等方面的研究有很多[98~107]。而关于腐植酸的抗微生物降解的稳定性[95,99~110]：柳丽芬等人[95]为考察微生物溶煤机理及作用本质，进行了腐植酸的微生物溶解研究，通过研究表明微生物除了能溶解腐植酸，还能发生降解作用。I. V. Chistyakov 等人[108]用葡萄糖凝胶过滤法研究了土壤土著微生物对腐植酸的分解，在没有酵母抽提物的矿质营养液中，用硝酸铵作为氮源时，腐植酸的分解程度最高。Z. Filip 等人[109]认为腐植酸结构中所含的脂肪酸、小分子碳水化合物、芳香环支链中 C、N 均能够充当 C、N 源以供微生物代谢，降解后会产生简单的有机酸与脂肪酸，最终可形成 CO_2、CH_4、NH_3 等气体产物。Vladimir 等人[110]研究了用蚯蚓肠道液、从肠道液培养分离得到的五种菌株单独或联合作用于土壤腐植酸的转化情况，肠道液作用下，腐植酸的相对分子质量从 31kDa 降到 12kDa，五种菌株单独作用，降到 22~23kDa，两者联合作用，则降到 14~18kDa，菌株的种类不同，相对分子质量的下降程度不一样。

参 考 文 献

[1] 成绍鑫．腐植酸类物质概论［M］．北京：化学工业出版社，2007.

[2] Wang Xiaolin，Su Yun，Xu Xiaoming，et al. Effect of fulvic acid growth and yield components of direct seeding rice［J］. Agricultural Science & Technology. 2013，14（7）：966~972.

[3] Yang Zhen，Du Mengchan，Jiang Jie. Reducing capacities and redox potentials of humic substances extracted from sewage sludge［J］. Chemosphere. 2015，144：902~908.

[4] Kalina M，Klučáková M，Sedláček P. Utilization of fractional extraction for characterization of the interactions between humic acids and metals［J］. Geoderma，2013，s207-208（1）：92~98.

[5] 周花香，何静，张慧芬，等．腐植酸类物质抗絮凝性能的研究［J］．昆明理工大学学报：自然科学版，2012，37（5）：60~63.

[6] Albers C N，Banta C T，Hansen P E，et al. The influence of organic matter on sorption and fate of glyphosate in soil - comparing different soils and humic substances［J］. Environmental Pollution，2009，157（10）：2865~2870.

[7] 冯元琦．腐植酸物料绿化荒漠化土地［J］．腐植酸，2004，（4）：1~6.

[8] 罗煜，玉华，赵立欣，等．生物腐植酸在低碳农业中的地位与作用［J］．腐植酸，2013，（1）：1~4，36.

[9] 秦国新，朱靖蓉，马兴旺，等．改性腐植酸对土壤磷素的激活效应［J］．新疆农业科学，2008，45（6）：1048~1051.

[10] 李东坡，武志杰．化学肥料的土壤生态环境效应［J］．应用生态学，2008，19（5）：1158~1165.

[11] 张艳华，张大伟，王玲．化肥使用中存在的问题及对策建议［J］．农业与技术，2014（4）：120.

[12] 王家盛，张伟，石学勇，等．活化腐植酸制备有机-无机复混肥的工艺研究［J］．腐植

酸，2012，(6)：15~18.

[13] 张敏，胡兆平，李新柱，等．腐植酸肥料的研究进展及前景展望 [J]. 磷肥与复肥，2014，29 (1)：38~40.

[14] 陈学涛，孔庆波，张青，等．腐植酸肥在铁观音茶树上的应用效果研究 [J]. 福建农业科技，2014，(1)：24~26.

[15] 刘丹丹，邓何，郭庆时，等．腐植酸在油田钻井液中的应用 [J]. 腐植酸，2012，(3)：11~17，27.

[16] 潘蕾，孙晓然．多功能陶瓷添加剂及腐植酸钠应用 [J]. 江苏陶瓷，2005，38 (5)：31 ~34，40.

[17] 赵红艳，张则有，赵霞．泥炭腐植酸类物质作为水煤浆分散剂的性能研究 [J]. 腐植酸，2006，(3)：15~16，21.

[18] 范建凤，宋美蓉．腐植酸及其树脂对水中三价铬吸附性能的研究 [J]. 电镀与精饰，2010，3 (2)：4~6，33.

[19] 周霞萍．腐植酸药物研究新进展 [J]. 腐植酸，2010，(3)：1~6.

[20] 李瑞波，吴少全．生物腐植酸肥料与生产应用 [M]. 北京：化学工业出版社，2011.

[21] 武李平，曾宪成．煤炭腐植酸与土壤腐殖酸性能对比研究 [J]. 腐植酸，2012，(3)：1~10.

[22] 高志明，江歆梅，李涛．煤炭残渣催化氧化制备腐植酸 [J]. 北京理工大学学报，2012，32 (9)：982~985.

[23] 王普蓉，徐国印，戴惠新，等．蒙东褐煤提取腐植酸工艺的优化实验研究 [J]. 煤炭转化，2014，37 (9)：62~67.

[24] 张营，冯莉，宋玲玲，等．褐煤中腐植酸的提取及其含氧官能团的分析 [J]. 安徽农业科学，2012，40 (24)：12146~12147，12153.

[25] Skybová M. Turčániová L', Čuvanová S, et al. Mechanochemical activation of humic acids in the brown coal [J]. Journal of Alloys and Compounds, 2007, 434~435 (6): 842~845.

[26] 张悦熙，索全义，胡秀云，等．活化条件对褐煤中水溶性腐植酸含量的影响 [J]. 腐植酸，2011，(3)：10~12，21.

[27] 张水花，李宝才，张惠芬，等．H_2O_2氧解褐煤产腐植酸的试验研究 [J]. 安徽农业科学，2012，40 (15)：8677~8679.

[28] 高丽娟，杨小莹，王世强．超声-硝酸联合法提取褐煤腐植酸工艺 [J]. 光谱实验室，2013，30 (6)：2955~2959.

[29] Yang Zhiyuan, Gong Liang, Ran Pan. Preparation of nitric humic acid by catalytic oxidation from Guizhou coal with catalysts [J]. International Journal of Mining Science & Techology, 2012, 22 (1): 75~78.

[30] Romarís-Hortas V, Moreda-Piñeiro A, Bermejo-Barrera P. Application of microwave energy to speed up the alkaline extraction of humic and fulvic acids from marine sediments [J]. Analytica Chimica Acta, 2007, 602 (2): 202~210.

[31] 丁方军，付乃峰，吴钦泉，等．脲基活化与超声波活化对腐植酸的影响 [J]. 腐植酸，

2012,(3):25~27.
[32] 张大洲,卢文新,陈风敬,等.褐煤干燥水分回收利用及其研究进展[J].化工进展,2016,35(2):472~478.
[33] 曲旋,张荣,孙东凯,等.固体热载体热解霍林河褐煤实验研究[J].燃料化学学报,2011,39(2):85~89.
[34] 王建中.昭通盆地上第三系褐煤煤层气资源勘探前景初步评价[J].中国煤层气,2010,7(2):3~6.
[35] 王斌文.对云南省昭通地区褐煤开发利用的几点意见[J].煤化工,1985(1):12~17.
[36] 刘坤岗.昭通褐煤盆地的成因类型[J].煤田地质与勘探,1983,(1):56~58.
[37] 迟姚玲,李术元,岳长涛,等.昭通褐煤及其低温热解产物的性质研究[J].中国石油大学学报:自然科学版,2005,29(2):101~103.
[38] 陈文敏,刘淑云,王智灵.GB/T15224.3—94煤炭发热量分级编制说明[J].煤炭分析及利用,1995(3):47~50.
[39] 赵振新,朱书全,马名杰,等.中国褐煤的综合优化利用[J].洁净煤技术,2008,14(1):28~31.
[40] 郭森魁,贾九民,尹承绪,等.昭通褐煤气化扩大试验研究[J].煤炭转化,2002,25(2):55~59.
[41] 喻依兆,何屏.云南昭通褐煤流态化气化试验工艺研究[J].昆明理工大学学报(自然科学版),2002,27(3):120~122.
[42] 蒋兆桂.褐煤提质技术研究进展与展望[J].煤炭加工与综合利用,2012,(6):47~51.
[43] 徐东方,贾梦阳,朱书全,等.水热提质对昭通褐煤理化特性影响[J].煤炭技术,2016,35(1):303~304.
[44] 陈月鹏,陈腊梅,赵猛男.褐煤振动热压脱水工艺条件研究[J].洁净煤技术,2014,20(3):54~56.
[45] 沈强华,刘云亮,陈雯,等.昭通褐煤半焦气化特性的研究[J].煤炭转化,2012,35(1):24~27.
[46] 刘云亮,陈雯,沈强华,等.昭通褐煤热解特性的研究[J].矿冶,2012,21(1):56~59.
[47] 戴少康.昭通褐煤的用途及其加工利用方向分析[J].中国煤炭,2006,32(12):47~49.
[48] 何书祥,唐文阳,陶乃柱,等.昭通褐煤腐殖酸提取的研究[J].黑龙江生态工程职业学院学报,2016,29(2):23.
[49] 姜明林,吕林增,王杰.昭通褐煤腐殖酸提取初步研究[J].工程设计研究,2016(3):479.
[50] 王海龙,王平艳,钟世杰,等.三种云南褐煤腐植酸提取对比研究[J].煤炭转化,2016,39(2):69~74.
[51] 郑李纯,李超,许力,等.提取腐植酸后的天祝褐煤残渣对污水中Cr(Ⅵ)的吸附性能

[J]. 料保护, 2010 (9): 45.

[52] 李静萍, 郑李纯, 陈峰, 等. 提取腐植酸后的残渣对 Cu^{2+} 的吸附性能研究 [J]. 化学通报, 2010, 73 (8): 719~723.

[53] Zhang H, Qian B, Wang A. The adsorption performance of a kind of new environmental material for Pb^{2+} [J]. Journal of Huangshan University, 2012, 14 (3): 40~44.

[54] 朱银惠, 王中慧. 煤化学 [M]. 北京: 化学工业出版社, 2013.

[55] Tyler R J. Flash pyrolysis of coals. 1. Devolatilization of a victorian brown coal in a small fluidized-bed reactor [J]. Fuel, 1980, 59 (4): 218~226.

[56] Xu W C, Tomita A. Effect of coal type on the flash pyrolysis of various coals [J]. Fuel, 1987, 66 (5): 627~631.

[57] 贺永德. 现代煤化工技术手册 [M]. 北京: 化学工业出版社, 2011.

[58] Hanson S, Patrick J W, Walker A. The effect of coal particle size on pyrolysis and steam gasification [J]. Fuel, 2002, 81 (5): 531~537.

[59] 赵凤杰, 刘剑. 煤的热重分析技术及其应用 [J]. 辽宁工程技术大学学报, 2005, 24 (S2): 25~27.

[60] Kök M V, Özbas E, Karacan O, et al. Effect of particle size on coal pyrolysis [J]. Journal of Analytical & Applied Pyrolysis, 1998, 45 (2): 103~110.

[61] 张红江. 褐煤的热解失重规律及其影响因素 [J]. 山西煤炭管理干部学院学报, 2012, 25 (1): 121~122.

[62] Xu W C, Tomita A. The effects of temperature and residence time on the secondary reactions of volatiles from coal pyrolysis [J]. Fuel Processing Technology, 1989, 21 (1): 25~37.

[63] Xu Ying, Zhang Yongfa, Wang Yong. Gas evolution of lignite characteristics of lignite during low-temperature pyrolysis [J]. Journal of Analytical and Applied Pyrolysis, 2013 (104): 625 ~631.

[64] Tanner J, Kabir K B, Müller M, et al. Low temperature entrained flow pyrolysis and gasification of a victorian brown coal [J]. Fuel, 2015, 154 (6): 107~113.

[65] Takarada T, Onoyama Y, Takayama K, et al. Hydropyrolysis of coal in a pressurized powder-particle fluidized bed using several catalysts [J]. Catalysis Today, 1997, 39 (1): 127~136.

[66] 韩永霞, 姚昭章. 升温速度对煤热解动力学的影响 [J]. 安徽工业大学学报 (自科版), 1999, 16 (4): 318~322.

[67] Okumura Y. Effect of heating rate and coal type on the yield of functional tar components [J]. Proceedings of the Combustion Institute, 2017, 36 (2): 2075~2082.

[68] Yan B H, Cao C X, Cheng Y, et al. Experimental investigation on coal devolatilization at high temperatures with different heating rates [J]. Fuel, 2014, 117 (1): 1215~1222.

[69] Matsuoka K, Ma Z, Akiho H, et al. High-Pressure coal pyrolysis in a drop tube furnace [J]. Energy & Fuels, 2003, 17 (4): 984~990.

[70] 鞠付栋, 陈汉平, 杨海平, 等. 煤加压热解过程中 C 和 H 的转变规律 [J]. 煤炭转化, 2009, 32 (1): 5~9.

[71] Porada S. The influence of elevated pressure on the kinetics of evolution of selected gaseous products during coal pyrolysis [J]. Fuel, 2004, 83 (7): 1071~1078.

[72] Yabe H, Kawamura T, Kozuru H, et al. Development of coal partial hydropyrolysis process [J]. Technology of Nippon Steel Corporation, 2005, (92): 8~15.

[73] Xu W C, Matsuoka K, Akiho H, et al. High pressure hydropyrolysis of coals by using a continuous free-fall reactor [J]. Fuel, 2003, 82 (6): 677~685.

[74] Braekman-Danheux C, Cyprès R, Fontana A, et al. Coal hydromethanolysis with coke-oven gas: 1. Influence of temperature on the pyrolysis yields [J]. Fuel, 1992, 71 (3): 251~255.

[75] Zeng X, Wang Y, Yu J, et al. Gas upgrading in a downdraft fixed-bed reactor downstream of a fluidized-bed coal pyrolyzer [J]. Energy & Fuels, 2011, 25 (11): 5242~5249.

[76] 熊杰，周志杰，许慎启，等．碱金属对煤热解和气化反应速率的影响 [J]．化工学报，2011，62 (1)：192~198.

[77] Zhu W, Song W, Lin W. Catalytic gasification of char from co-pyrolysis of coal and biomass [J]. Fuel Processing Technology, 2008, 89 (9): 890~896.

[78] Xu S, Zhou Z, Xiong J, et al. Effects of alkaline metal on coal gasification at pyrolysis and gasification phases [J]. Fuel, 2011, 90 (5): 1723~1730.

[79] 许慎启，周志杰，代正华，等．碱金属及灰分对煤焦碳微晶结构及气化反应特性的影响 [J]．高校化学工程学报，2010，24 (1)：64~70.

[80] 朱廷钰，刘丽鹏．氧化钙催化煤温和气化研究 [J]．燃料化学学报，2000，28 (1)：36~39.

[81] 程乐明，张荣，毕继诚．CaO 对褐煤在超临界水中制取富氢气体的影响 [J]．燃料化学学报，2007，35 (3)：257~261.

[82] 韩艳娜，王磊，余江龙，等．钙对褐煤热解和煤焦水蒸气气化反应性的影响 [J]．太原理工大学学报，2013，44 (3)：264~267.

[83] 杨景标，蔡宁生，张彦文．催化剂添加量对褐煤焦水蒸气气化反应性的影响 [J]．燃料化学学报，2008，36 (1)：15~22.

[84] Tsubouchi N, Ohtsuka Y. Formation of N2 during pyrolysis of Ca-loaded coals [J]. Fuel, 2002, 81 (11): 1423~1431.

[85] 王美君，杨会民，何秀风，等．铁基矿物质对西部煤热解特性的影响 [J]．中国矿业大学学报，2010，39 (3)：426~430.

[86] 公旭中，郭占成，王志．Fe_2O_3 对高变质程度脱灰煤热解反应性与半焦结构的影响[J]．化工学报，2009，60 (9)：2321~2326.

[87] Freund H. Gasification of carbon by CO_2: A transient kinetics experiment [J]. Fuel, 1986, 65 (1): 63~66.

[88] Zou Xianwu, Yao Jianzhong, Yang Xuemin, et al. Catalytic effects of metal chlorides on the pyrolysis of lignite [J]. Energy & Fuels, 2007, 21 (2): 619~624.

[89] Bhattacharya S S, Kim K H, Das S, et al. A review on the role of organic inputs in maintaining the soil carbon pool of the terrestrial ecosystem [J]. Journal of Environmental

Management, 2016 (167): 214~227.

[90] Araujo M A, Zinn Y L, Lal R. Soil parent material, texture and oxide contents have little effect on soilorganic carbon retention in tropical highlands [J]. Geoderma, 2017 (300): 1~10.

[91] Rakhsh F, Golchin A, Agha A B A, et al. Effects of exchangeable cations, mineralogy and clay content on the mineralization of plant residue carbon [J]. Geoderma, 2017 (307): 150~158.

[92] Barrά P, Fernandez-Ugalde O, Virto L, et al. Impact of phyllosilicate mineralogy on organic carbon stabilization in soils: incomplete knowledge and exciting prospects [J]. Geoderma, 2014 (235~236): 382~395.

[93] Feng Wenting, Plante A F, Aufdenkampe A K, et al. Soil organic matter stability in organo-mineral complexes as a function of increasing C loading [J]. Soil Biology & Biogeochemistry, 2014 (69): 398~405.

[94] Aran D, Gury M, Jeanroy E. Organo-metallic complexes in an Andosol: a comparative study with a Cambisol and Podzol [J]. Geoderma, 2001 (99): 65~79.

[95] 柳丽芬, 阳卫军, 韩威, 等. 腐植酸微生物溶解研究 [J]. 煤炭转化, 1997, 20 (1): 71~75.

[96] Gregorich E G, Gillespie A W, Beare M H, et al. Evaluating biodegradability of soil organic matter by its thermal stability and chemical composition [J]. Soil Biology & Biochemisry, 2015 (91): 182~191.

[97] Xiao Wei, Feng Shuzhen, Liu Zhanfeng, et al. Interactions of soil particulate organic matter chemistry and microbial community composition mediating carbon mineralization in karst soils [J]. Soil Biology & Biochemisry, 2017 (107): 85~93.

[98] Feng Xiaojuan, Simpson A J, et al. Simpson. Chemical and mineralogical controls on humic acid sorption to clay mineral surfaces [J]. Organic Geochemistry, 2005 (36): 1553~1566.

[99] Zhou Youlian, Zhang Yuaanbo, Li Guanghui, et al. A further study on adsorption interaction of humic acid on natural magnetite, hematite and quartz in iron ore pelletizing process: Effect of the solution pH value [J]. Powder Technology, 2015 (271): 155~166.

[100] Majzik A, Tombάcz E. Interaction between humic acid and montmorillonite in the presence of calcium ions II. Colloidal interactions: Charge state, dispersing and/or aggregation of particles in suspension [J]. Organic Geochemistry, 2007 (38): 1330~1340.

[101] Elfarissi F, Pefferkorn E. Kaolinite/ humic acid interaction in the presence of aluminium ion [J]. Colloids and Surfaces A: Physicochemical and Engineering Aspects, 2000 (168): 1~12.

[102] Wang Chunli, Yang Xiaoyu, Li Chun, et al. The sorption interactions of humic acid on to beishan granite [J]. Colloids and surfaces A: Physicochemical and Engineering Aspects, 2015 (484): 37~46.

[103] Zhu Xiaojing, He Jiangtao, Su Sihui, et al. Concept mode of the formation process of humic

acid- kaolin complexes deduced by trichloroethylene sorption experiments and various characteriza- tions [J]. Chemosphere, 2016 (151): 116~123.

[104] Feng X, Simpson A J, Simpson M J. Chemical and mineralogical controls on humic acid sorption to clay mineral surfaces [J]. Organic Geochemistry, 2005 (36): 1553~1566.

[105] Zhou Y L, Zhang Y B, Li P, et al. Comparative study on the adsorption interactions of humic acid onto nature magnetite, hematite and quartz: effect of initial HA congcentration [J]. Powder Techology, 2014 (251): 1~8.

[106] Wang Fei, He Jiangtao, He Baonan, et al. Formation process and mechanism of humic acid-kaolin complex determined by carbamazepine sorption experiments and various characterization methods [J]. Journal of environmental sciences, 2017 (11): 1~10.

[107] Chen Hongfeng, Koopal L K. Xiong Juan, et al. Mechanisms of soil humic acid adsorption onto montmorillonite and kaolinite [J]. Journal of Colloid and Interface Science, 2017 (504): 457~467.

[108] Chistyakov I V, Trofimov S Ya, Lysak L V, et al. Changes in the composition and properties of humic acids under the influence of microorganisms [J]. Moscow University Soil Science Bulletin, 2013, 68 (1): 48~52.

[109] Filip Z, Tesařovát J. Microbial degradation and transformation of humic acids from permanent meadow and forest soils [J]. International Biodeterioration & Biodegradation, 2004 (54): 225~231.

[110] Tikhonov V, Zavgorodnyaya J, Demin V, et al. Transformation of soil humic acids by Aporrectodea caliginosa earthworm: Effect of gut fluid and gut associated bacteria [J]. European Journal of Soil Biology, 2016 (75): 47~53.

2 昭通褐煤的腐植酸提取

2.1 提取试剂

腐植酸提取所需试剂见表 2.1，其中氢氧化钠是褐煤腐植酸萃取剂，盐酸作为腐植酸碱溶液的酸析试剂。焦磷酸钠、草酸、硫酸亚铁铵、四硼酸钠等反应试剂和甲基橙、酚酞等显色试剂主要用于腐植酸品质的检测，该检测包括褐煤原料、腐植酸产物和提取残渣中的腐植酸含量测定，酸性含氧官能团含量的检测分析等。

表 2.1 腐植酸实验试剂明细表

试剂	分子式	规格	试剂	分子式	规格
氢氧化钠	$NaOH$	AR	甲基橙	$C_{14}H_{14}N_3NaO_3S$	AR
浓盐酸	HCl	CP	酚酞	$C_{20}H_{14}O_4$	AR
焦磷酸钠	$Na_4P_2O_7 \cdot 10H_2O$	AR	草酸	$C_2H_2O_4 \cdot 2H_2O$	AR
硫酸亚铁铵	$(NH_4)_2Fe(SO_4)_2 \cdot 6H_2O$	AR	四硼酸钠	$Na_2B_4O_7 \cdot 10H_2O$	AR
重铬酸钾	$K_2Cr_2O_7$	AR	氯化钡	$BaCl_2$	AR
浓硫酸	H_2SO_4	CP	乙酸钙	$Ca(CH_3COO)_2 \cdot H_2O$	AR
邻菲罗啉	$C_{12}H_8N_2 \cdot 2H_2O$	AR	无水乙醇	CH_3CH_2OH	AR

注：提取用水均为去离子水。

2.2 提取原理和工艺

2.2.1 提取原理

腐植酸含有羧基、酚羟基等酸性官能团，具有能溶于碱性溶液并在酸性条件下沉淀的化学性质，因此利用氢氧化钠和盐酸溶液作为萃取剂和酸处理剂进行腐植酸的提取。腐植酸的碱溶酸析原理可用化学反应式表达如下：

$$R—(COOH)_n + nNaOH \longrightarrow R—(COONa)_n + nH_2O \tag{2.1}$$

$$R—(COOH)_n + nHCl \longrightarrow R—(COOH)_n + nNaCl \tag{2.2}$$

2.2.2　腐植酸提取率计算方法

实验中腐植酸提取率以如下公式计算：

$$提取率 = \frac{m}{M} \times 100\% \qquad (2.3)$$

式中　m——腐植酸产物中腐植酸质量；

M——褐煤中总腐植酸质量。

腐植酸产物和褐煤中的质量采用国标 GB/T 11957—2001《煤中腐植酸产率测定方法》进行测定。

2.2.3　腐植酸提取工艺流程

腐植酸提取工艺流程如图 2.1 所示。

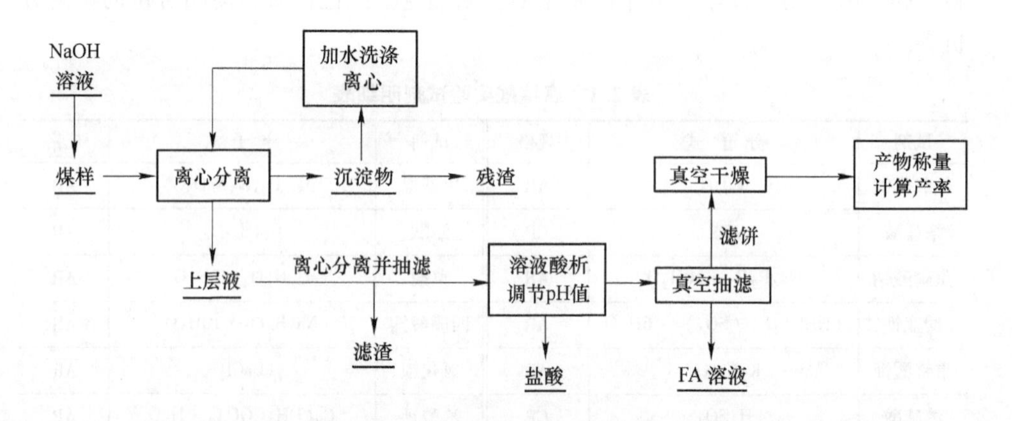

图 2.1　腐植酸提取工艺流程图

称取一定数量的干燥粉磨至 0.175mm（80 目）粒度的昭通褐煤与配制好的氢氧化钠溶液在一定条件下（控制温度、反应时间）搅拌反应，液固比为 1∶10（煤样质量∶氢氧化钠溶液体积=1∶10）。萃取反应完成后离心分离，分离条件为：离心时间 15min，转速 6500r/min，之后用蒸馏水洗涤沉淀物 3 次，离心分离 5min，进一步洗涤分离出残渣中的腐植酸碱溶液，最后将上层腐植酸碱液离心分离并抽滤得到不含沉淀物的上层碱液，同时收集干燥沉淀物得到提取残渣。对上层碱提取液加一定体积的 36.5%（质量分数）的浓盐酸，调节 pH 值后溶液中析出絮状腐植酸，真空抽滤得到腐植酸滤饼和 FA 溶液（含较多氯化钠盐及矿物质），将滤饼进行真空干燥得到腐植酸产物（主要是棕腐酸和黑腐酸），对产物进行称量计算质量，利用国标检测方法测定产物中腐植酸含量，进一步计算可以得到产物中腐植酸质量。

2.3 分析检测方法

2.3.1 腐植酸含量分析

腐植酸产率是提取实验中一个重要的衡量指标，研究中根据国标 GB/T 11957—2001《煤中腐植酸产率测定方法》测定干燥产物中腐植酸含量。

2.3.2 工业分析

采用与煤的工业分析相同的方法（GB/T 212—2001）对腐植酸及脱腐植酸残渣进行工业分析，了解提取所得腐植酸及脱腐植酸残渣中灰分、挥发分、固定碳的变化。

2.3.3 官能团含量检测

羧基和酚羟基是腐植酸包含的主要含氧酸性官能团，研究中进行了腐植酸总酸性基和羧基含量的检测，其中总酸性基用碱溶氯化钡沉淀电位滴定法测定，羧基含量测定采用羧基微量快速测定法。酚羟基含量近似等于总酸性含量与羧基含量之差。具体项目的分析方法详见周霞萍编著的《腐植酸工业应用标准及分析技术》。

2.3.4 FTIR-傅里叶红外变换光谱法

总酸性基和羧基含量检测是化学方法分析，为了进一步检测腐植酸的官能团，实验中采用红外分析进行表征分析：将提取的腐植酸与 KBr 混合、研磨、压片，用红外光谱仪测定，扫描范围为 400~4000cm^{-1}。

2.3.5 金属元素含量测定

采用了原子吸收分光光度计（atomic absorption spectrophotometry）及电感耦合等离子体发射光谱仪（inductively coupled plasma emission spectroscopy）共同测定褐煤原料、腐植酸产物和提取残渣中的金属元素含量。

2.3.6 物相分析

利用 X 射线衍射仪（X-ray diffraction）对昭通褐煤原料、腐植酸产物和提取残渣中的金属元素存在状态进行物相分析。

2.4　提取工艺条件对腐植酸提取率及品质的影响

针对腐植酸的化学反应特点，实验中考察了萃取剂浓度、反应温度、反应时间、酸析 pH 值和压力工艺条件对腐植酸提取率及其品质的影响。

2.4.1　碱浓度对腐植酸产率及其品质影响

腐植酸萃取剂有多种类型可以选择，有强碱液、中性盐、有机溶剂和有机酸等类型都能进行腐植酸的提取。本节采用氢氧化钠作为腐植酸萃取剂。

2.4.1.1　碱浓度对腐植酸提取率影响

碱浓度提取反应条件为：称量 10g 褐煤原料，配制 0.5%～3.5%的氢氧化钠溶液 100mL，常温（23℃）下反应 1h，将离心分离得到的腐植酸碱液用浓盐酸酸析得到腐植酸沉淀，酸析 pH＝2.5。

不同浓度下的氢氧化钠溶液对腐植酸提取率的影响曲线如图 2.2 所示，从图中可以看出，随着碱浓度的不断增加，腐植酸提取率呈现先增加后降低的趋势，1.5%的碱浓度下腐植酸提取率最大，但腐植酸的提取率没有随着碱浓度的增加出现持续增加及平衡趋势。实验结果可通过以下两个方面来解释：

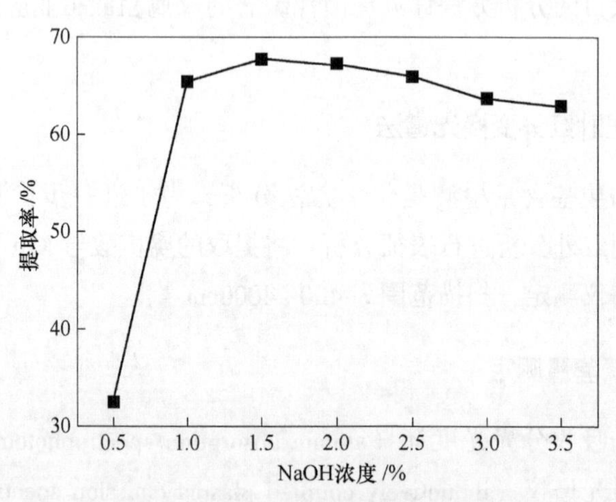

图 2.2　碱浓度对腐植酸提取率影响

（1）氢氧化钠是一种强碱性溶液，利用强碱性溶剂进行腐植酸的提取过程中不可避免地破坏腐植酸的分子结构，此外，反应中还会出现如像 SiO_2 胶体的溶出、自动氧化、结构分解及非腐植酸物质的夹带等复杂反应。

（2）褐煤原料中含有 30%左右的灰分，灰分中主要是碱金属（K、Ca）、多价金属（Mg、Fe、Al）以及氧化硅等物质构成的复杂化合物，在碱溶解腐植酸的过程中，金属化合物在一定程度上参与了化学反应，碱浓度越强，金属元素参与的概率越大，从而造成了碱浓度增加但并不能持续提高腐植酸产率的实验结果。

在酸析处理过程中，腐植酸会发生絮凝沉淀累积在烧杯底层，而上层溶液是呈浅黄色的黄腐酸。为考察碱浓度对腐植酸结构的影响，同时对腐植酸的酸析上层溶液中的黄腐酸含量进行了测定。

碱浓度与腐植酸碱液中黄腐酸含量关系图如图 2.3 所示，从图中可以看出，随着碱浓度的增加，上层液中黄腐酸含量也呈现增加趋势。原因主要是由于碱性增强，腐植酸大分子中的棕腐酸或黑腐酸组分受碱性影响发生分解，形成可溶性的小分子黄腐酸物质。碱性越强，分解程度越高，在一定程度上提高了黄腐酸在溶液中的含量，同时降低了腐植酸固体产物的产率，因此腐植酸提取实验中不宜采用高浓度碱提取剂。

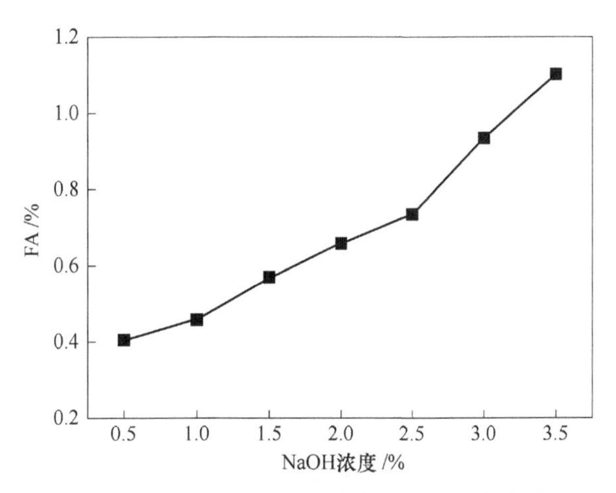

图 2.3　黄腐酸（FA）溶出率与碱浓度的曲线关系

2.4.1.2　碱浓度条件下腐植酸产物和残渣的工业分析

进行工业分析（M：水分，V：挥发分，A：灰分，FC：固定碳）的目的是考察工艺条件对腐植酸品质的影响，其中比较有代表性的分析指标是腐植酸产物中灰分产率的高低。在腐植酸的应用过程中，腐植酸的纯度，尤其是多价金属阳离子的含量是影响其应用价值的主要因素，因此在腐植酸提取实验中我们希望所得到的腐植酸产物灰分产率越低越好，灰分产率高低同时也意味着碱金属和多价金属阳离子在腐植酸产物中的含量高低。

碱浓度条件下的工业分析数据见表 2.2，随着碱浓度的增加，腐植酸产物中灰分产率也呈现增加趋势，挥发分和固定碳组分产率大体呈降低的趋势。提取残渣中0.5%的碱浓度条件下灰分含量较低，挥发分和固定碳产率较高。

表2.2 不同碱浓度下腐植酸产物和残渣的工业分析

NaOH浓度/%	腐植酸产品成分/%				脱腐植酸残渣成分/%			
	M	V	A	FC	M	V	A	FC
0.5001	3.55	45.33	10.06	41.06	5.03	38.08	31.36	25.53
1.0000	5.66	39.50	11.97	42.86	4.06	33.14	45.16	17.64
1.5001	7.81	37.33	14.23	40.63	4.14	33.30	45.82	16.75
2.0001	6.06	39.14	13.17	41.63	4.12	32.43	46.88	16.57
2.5001	7.08	36.51	16.59	39.82	4.80	33.28	44.28	17.63
3.0000	9.74	39.45	18.09	32.73	5.26	32.96	43.87	17.91
3.5003	6.25	37.93	16.38	39.44	5.76	32.27	44.09	17.88

在腐植酸的提取过程中，有腐植酸与碱溶解的主要化学反应，同时存在着金属化合物与碱溶液的多种副反应。腐植酸产物中也伴随着以灰分形式存在的金属化合物。腐植酸碱溶解反应原理可采用以下三个方面的原因进行解释：

（1）在低浓度条件下，主要是碱溶液与褐煤中的腐植酸物质发生反应，由于此时溶液碱性强度较低，大部分灰分和金属化合物仍残留在提取残渣中，腐植酸产物中灰分含量较低，而残渣中有较高含量的有机组分，因而灰分含量较低。

（2）随着碱浓度的增加，腐植酸提取率逐渐提高，但碱溶液与灰分中的金属化合物的反应程度也逐渐加深，腐植酸的大分子网络结构和物理吸附、化学结合的性质，使得一部分金属离子和化合物能够存在于腐植酸物质当中，随着碱溶液酸析处理的进行，此部分化合物重新构成了腐植酸产物中的灰分组成，在工业分析数据中，提取残渣中的灰分产率随碱浓度增加而增加也说明了这一点。

（3）提取过程中的腐植酸溶出率和金属化合物与碱溶液的反应强度处于一种相互平衡的状态，碱溶液浓度的增加并不能无限制地提高腐植酸产率。

2.4.1.3 碱浓度条件下腐植酸含氧官能团

腐植酸产物品质评价的另一个重要指标是酸性含氧官能团的含量高低。腐植酸酸性官能团的存在使得腐植酸具有物理吸附作用和不同的化学性质，其中主要以羧基和酚羟基含量为主要含氧官能团。碱浓度条件下总酸性含氧官能团和羧基含量的测定结果如图2.4所示。图2.4中腐植酸含氧官能团含量表明，在0.5%碱浓度下得到的腐植酸产物中总酸性含量较高，羧基含量也较高，相比较之下，

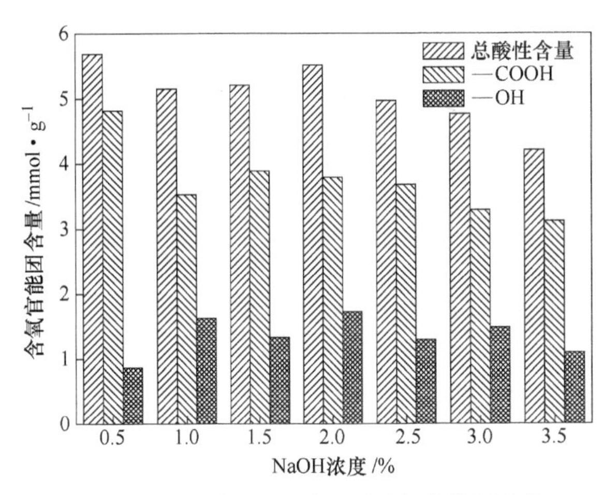

图 2.4 不同碱浓度下腐植酸含氧官能团变化

其他总酸性和羧基含量随着碱浓度的增加有先增加后降低的现象，在 2.0%的碱浓度下，总酸性含量最高，1.5%碱浓度下羧基含量最高。总酸性和羧基含量的高低同样受腐植酸提取率和产物中灰分产率的影响，碱浓度越高，腐植酸产物中灰分产率增加，造成腐植酸产率降低，因此官能团含量也降低。对比第三、四组数据可知，羧基含量在 1.5%碱浓度条件下较高，考虑到腐植酸提取率和羧基是主要含氧活性官能团，以 1.5%碱浓度进行后续腐植酸提取的工艺条件。

2.4.2 萃取温度对腐植酸产率及其品质影响

大多数化学反应是吸热反应，提高反应温度有助于提高产物产率。在腐植酸提取工艺中同样考察了温度对产率的影响。实验中以 1.5%的碱溶液浓度、1h 反应时间和酸析 pH=2.5 作为反应条件，考察了 30~90℃范围内腐植酸提取率的差异。

2.4.2.1 萃取温度对提取率影响

腐植酸提取率与萃取温度的曲线关系如图 2.5 所示，从图中可以看出腐植酸提取率随温度的上升而增加，但增加幅度逐渐变小，腐植酸提取率在 70%左右波动，尤其是萃取温度从 70℃提高到 80℃时提取率增加了不到 0.1%，且随着温度的进一步增加，腐植酸提取率有明显的降低。从腐植酸提取工艺条件和提取率来看，后续工艺条件中选择 70℃为腐植酸萃取温度。

萃取温度的增加在一定范围内促进了褐煤腐植酸的溶出率，使得腐植酸产率随温度的增加而增加。而温度的增加同样造成了腐植酸的分解，原因是在较高温度下，一部分腐植酸物质发生价键断裂分解成小分子可溶性物质，从而影响腐植酸提取率。

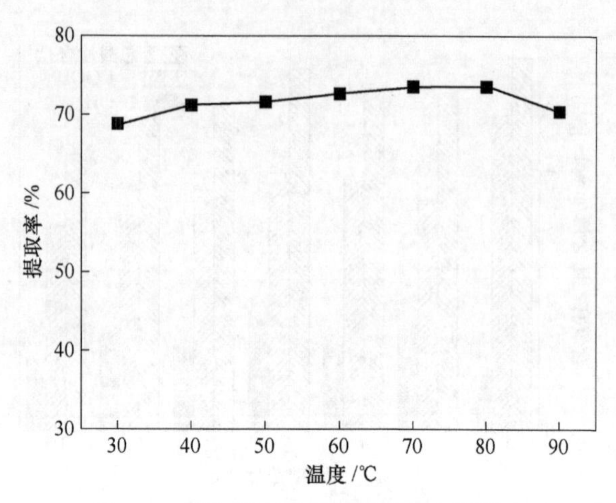

图 2.5　萃取温度对腐植酸提取率的影响

2.4.2.2　不同萃取温度下腐植酸和残渣的工业分析

不同萃取温度下腐植酸和残渣的工业分析见表 2.3。

表 2.3　不同萃取温度下腐植酸和提取残渣的工业分析

温度/℃	腐植酸产品成分/%				脱腐植酸残渣成分/%			
	M	V	A	FC	M	V	A	FC
30	6.31	39.43	12.57	41.70	2.13	33.65	47.47	16.76
40	7.10	37.59	13.72	41.58	2.05	33.00	48.79	16.16
50	6.48	40.00	13.45	40.07	1.84	33.17	49.25	15.74
60	6.79	39.02	13.03	41.15	2.13	32.15	50.41	15.30
70	7.30	38.73	12.42	41.55	2.27	32.84	49.28	15.61
80	7.49	39.09	11.93	41.49	2.04	32.15	50.88	14.93
90	7.43	39.05	10.67	42.86	2.57	32.36	49.91	15.15

从表 2.3 能够看出，腐植酸产物中灰分产率随着温度的增加而出现降低的趋势，即温度的增加在一定程度上提高了腐植酸的溶出率。腐植酸产物中挥发分产率维持在 37%~40%之间，固定碳产率在 40%~43%之间，保持了相对稳定的产率分布。

提取残渣中固定碳和挥发分产率均呈现降低趋势，而灰分产率随温度的提高而增加，其原因也主要是腐植酸物质被不断萃取出来，而灰分存在于提取残渣中。从表 2.3 中的提取残渣的挥发分和固定碳含量上来说，在不同温度提取条件下，残渣物质中挥发分含量仍在33%左右，固定碳含量在14%~17%之间。温度因素试验中主要通过提高腐植酸的溶出率来提高腐植酸产率，然而褐煤中有一部分腐植酸是以与钙镁铝等金属阳离子以结合态的形式存在的，虽然温度的升高使得一部分结合态腐植酸与金属离子脱离形成游离态腐植酸，但是大部分结合态腐植酸并没有因温度的提高被提取出来，仍以结合态形式存在于残渣之中。

2.4.2.3 不同萃取温度下含氧官能团变化

如图2.6所示，酸性含氧官能团含量没有随萃取温度的变化而出现有规律的变化，总酸性含量在80℃下最高，为5.4578mmol/g，但此时的羧基含量却最低，含量仅为3.3623mmol/g。由工业分析数据分析可知在不同条件下得到的腐植酸物质中有机质组分含量十分接近，因此造成官能团含量差异的主要是腐植酸自身的物理化学性质。

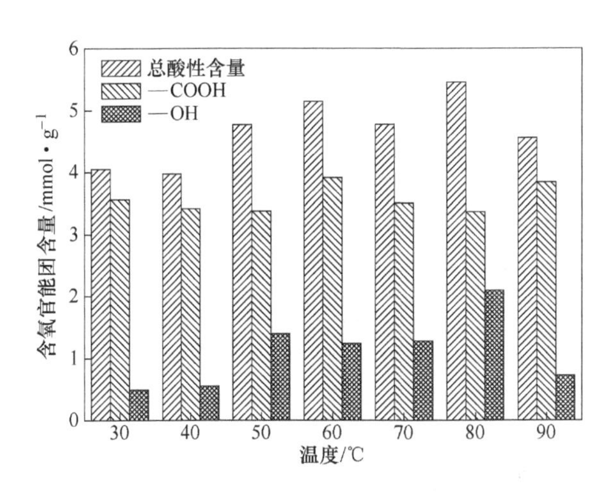

图2.6 不同萃取温度下含氧官能团含量

2.4.3 反应时间对腐植酸提取率及品质的影响

碱溶液与褐煤颗粒的混合反应需要充分的时间。反应时间的控制要保证以下几点：

（1）反应时间不能太短，要最大程度地浸出游离腐植酸物质；

（2）反应时间也不能太长，因为长时间的化学反应又会造成腐植酸的分解和腐植酸产物中金属化合物含量的增加。

因此在腐植酸提取反应中以时间作为提取因素，考察了时间因素对腐植酸提取率及品质的影响。

2.4.3.1 反应时间与腐植酸提取率关系

为保证腐植酸提取实验的反应条件一致性，反应时间因素实验仍在1.5%的碱浓度，70℃的温度下进行腐植酸的提取，酸析pH=2.5。反应时间对腐植酸提取率的影响如图2.7所示。

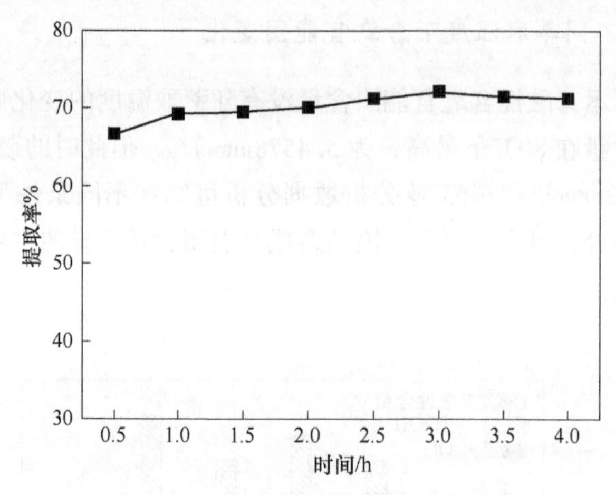

图2.7 反应时间对腐植酸提取率影响

从图2.7中可以看出，从0.5h升高至1.0h时提取率增加了3%，之后随着反应时间的继续增加，腐植酸提取率有增加趋势但增加幅度逐渐降低，在3h的反应时间下提取率达到最大，时间继续增加提取率发生降低。由于采用了70℃的反应温度，碱溶解游离腐植酸的反应中还伴随着金属化合物与碱溶液的化学反应以及游离腐植酸的部分分解反应，在3h的反应时间之内，腐植酸溶出率效应明显高于金属化合物的碱溶出速率，但是随着时间的继续增加，腐植酸的分解程度也在不断增加，导致了腐植酸产率的降低。

2.4.3.2 反应时间条件下腐植酸产物与残渣工业分析

从表2.4中腐植酸产物的工业分析可知，各组分含量没有太大变化，灰分产率变化范围在11%~14%范围内，有机组分固定碳产率在40%~43%之间，挥发分产率在37%~40%之间，腐植酸组分差异不明显，各组分产率趋于稳定。提取残渣中各组分含量也趋于稳定，变化较小，灰分产率在48%左右，挥发分和固定碳产率分别在32%和15%左右，同时可以看出到，反应时间的增加使残渣中挥发分和固定碳产率有一定程度的减少。根据腐植酸提取率和工业分析的实验结果，将反应时间定在3h。

表 2.4 不同反应时间腐植酸和提取残渣工业分析

t/h	腐植酸产品成分/%				脱腐植酸残渣成分/%			
	M	V	A	FC	M	V	A	FC
0.5	4.12	41.8	10.57	43.51	3.71	32.08	48.75	15.46
1.0	4.3	40.91	10.53	44.26	3.74	32.25	48.36	15.66
1.5	4.31	41.46	10.13	44.1	4.65	32.58	47.59	15.19
2.0	4.14	40.91	11.4	43.55	4.05	32.35	48.8	14.79
2.5	4.22	40.72	11.26	43.8	4.71	32.47	48.44	14.38
3.0	5.14	40.29	11.19	43.38	5.12	32.14	47.89	14.85
3.5	5.5	39.97	10.04	44.49	4.49	31.73	49.32	14.46
4.0	5.16	40.24	10.16	44.44	4.35	31.7	49.4	14.55

2.4.3.3 不同反应时间下含氧官能团的含量变化

反应时间对含氧官能团的影响如图 2.8 所示，总酸性先增加后降低，在 1.5h 条件下总酸性含量最高，之后随着时间的增加，总酸性含量变化趋于稳定，羧基含量变化较小，酚羟基含量高变化趋势与总酸性一致，各官能团差异均小于 1mmol/g。由腐植酸提取率和工业分析数据可知，腐植酸在化学组分上差异很小，因此在官能团含量上的差异并不是很大，但可以看出，随着时间的增加，总酸性含量会降低。

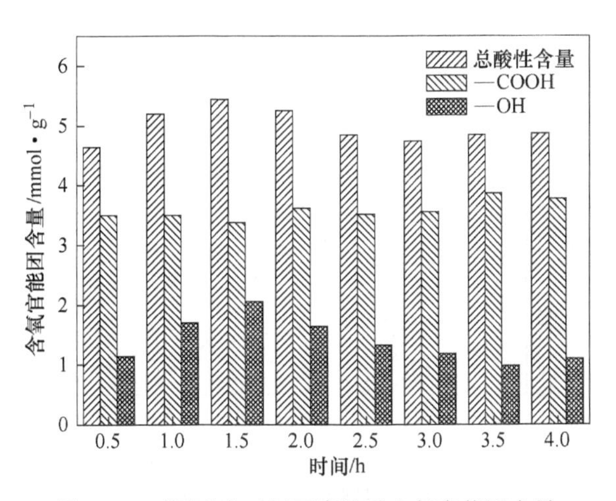

图 2.8 不同反应时间下腐植酸含氧官能团含量

2.4.4 酸析 pH 值对腐植酸提取率及品质的影响

腐植酸提取实验中一个比较明显的实验现象是酸析 pH 值对腐植酸有较大的影响。实验发现，酸析 pH 值较低时，上层黄腐酸溶液颜色较浅，呈黄绿色，随着 pH 值的逐渐增大，上层溶液由浅黄色逐渐向黄色和酒红色变化。酸析 pH 值较高，得到的上层溶液在放置一段时间后仍有红棕色沉淀产生。因此可判定，随着 pH 值的增加，腐植酸产率呈现降低趋势。实验中以 1.5%碱浓度、70℃下反应 3h 作为实验操作条件，考察腐植酸碱液不同酸析 pH 值对腐植酸最终产率的影响。

2.4.4.1　酸析 pH 值与腐植酸提取率关系

由图 2.9 可知，随着酸析 pH 值的增加，腐植酸产率整体上呈降低趋势，但腐植酸提取率没有较大波动，提取率范围在 70.51%~73.52%范围内波动。酸析 pH 值大小对腐植酸产率影响的反应机理可解释如下：从腐植酸化学组成角度，腐植酸包括黄腐酸、棕腐酸和黑腐酸，在酸性条件下，棕腐酸和黑腐酸发生沉淀，而黄腐酸具有溶解于任何酸碱和盐等溶液的性质，因此酸析 pH 值较低时，棕腐酸和黑腐酸沉淀较为完全；根据腐植酸的结构特点，在 pH 值不断降低的条件下，腐植酸逐步从网络结构向海绵体结构和纤维状结构变化，此时腐植酸分子结构更加紧凑，能够将一部分黄腐酸包裹在分子中，降低黄腐酸的溶出率，从而在一定程度上提高腐植酸含量。但从图中也可以看出 pH 值在 3.0 的条件下的腐植酸产率却比 pH 值在 2.5 的情况下要高出 0.24%，原因主要是实验操作中第四组的褐煤原料未能与碱溶液发生充分反应导致的。

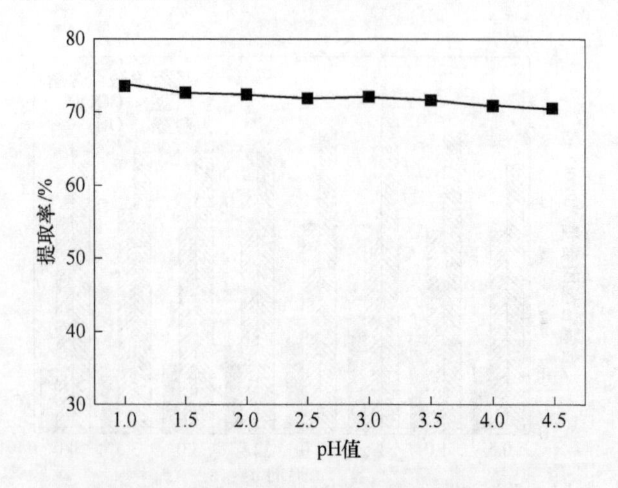

图 2.9　酸析 pH 值对腐植酸提取率的影响

2.4.4.2 不同酸析 pH 值条件下腐植酸产物和残渣工业分析

从表 2.5 中 pH 值对腐植酸产物的影响可以看出，随着 pH 值的降低，腐植酸产物中灰分产率也相应降低。一种原因是 pH 值的降低使得溶液中加入更多体积的浓盐酸，而盐酸能够与腐植酸结合的金属化合物发生反应，使多价金属阳离子以游离态的形式存在于上层溶液中，同时削弱腐植酸的物理吸附强度，从源头上降低了腐植酸灰分含量。另一种原因是在实验操作中发现的，在 pH=5.6 左右时腐植酸开始大量地发生絮凝沉淀，此时的腐植酸黏稠性最高，随着 pH 值的进一步降低，腐植酸沉淀逐渐变得松弛，因此在较高的 pH 值条件下腐植酸结合的无机盐组分较高，在干燥过程中这部分无机盐以灰分形式存在于腐植酸中，在一定程度上提高了灰分产率。同样的，随着 pH 值的增加，固定碳和挥发分产率整体上也呈现出了降低趋势。

表 2.5 不同 pH 值下腐植酸和提取残渣工业分析

pH 值	腐植酸产品成分/%				脱腐植酸残渣成分/%			
	M	V	A	FC	M	V	A	FC
1.0	3.42	42.24	8.6	45.74	7.63	30.54	47.42	14.41
1.5	4.24	40.94	9.64	45.18	6.77	30.98	47.59	14.66
2.0	4.44	40.36	11.3	43.9	5.89	31.51	48.07	14.52
2.5	5.02	40.66	11.27	43.05	6.01	31.29	48.63	14.07
3.0	4.09	41.42	11.93	42.56	6.05	31.25	48.42	14.28
3.5	4.65	40.23	14.51	40.61	5.69	31.48	48.13	14.7
4.0	4.74	40.25	16.11	38.9	5.89	31.18	48.55	14.39
4.5	4.28	40.59	16.41	38.72	6.1	31.19	48.08	14.63

提取残渣各组分中未受到 pH 值变化的影响，因此残渣中各组分产率变化较小，挥发分、灰分和固定碳产率分别在 31%、48%和 14.5%的小范围内波动，由于反应时间较长，因此残渣中挥发分和固定碳含量产率有所下降。

2.4.4.3 不同酸析 pH 值条件下含氧官能团含量的变化

腐植酸的酸性官能团主要是羧基和酚羟基，其中又以羧基酸性最强，腐植酸碱液酸析时主要是氢离子与羧基发生反应才形成沉淀的，因此腐植酸的官能团含量与酸析 pH 值的大小存在一定的关系。

如图 2.10 所示，总酸性含量并不是随着 pH 值的降低而增加，在 pH=1.5 时，总酸性较高，pH 值继续增加时腐植酸总酸性含量发生明显的降低，而在最高 pH 值下总酸性含量也是最低的。因此腐植酸总酸性含量只是在一定酸性下能达到最大。实验中所得腐植酸产物在酸析 pH = 1.5 的时候能够有较高的总酸性含量。

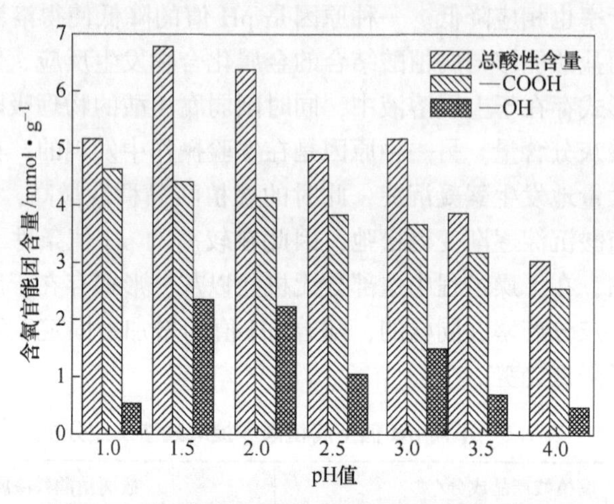

图 2.10　不同酸析 pH 值条件下含氧官能团含量

但从羧基含量的来看，腐植酸与 pH 值存在线性关系。从图中能够明显地看出，随着 pH 值的增加，羧基含量逐渐降低，且降低幅度逐步增加，由于羧基是腐植酸最重要的活性官能团，因此在腐植酸提取实验中若想得到羧基含量较高的腐植酸产物，可以尽量采用较低 pH 值进行腐植酸的酸析处理。

由萃取剂浓度、反应温度、时间和酸析 pH 值提取工艺实验研究中得到了较好的腐植酸提取率条件，即在 1.5%碱浓度、80℃下反应 3h 时间后，得到的腐植酸碱溶液调节酸析 pH = 1，得到的腐植酸产物提取率较高。此条件下的腐植酸提取率及工业分析见表 2.6。

表 2.6　最佳条件下腐植酸提取率及工业分析

提取率/%	工业分析/%			
	M	V	A	FC
76.63	6.05	42.09	8.43	43.44

从表 2.6 中可以看出，在此最佳条件下腐植酸提取率为 76.13%，且腐植酸产物中灰分含量较低，为 8.43%，腐植酸产物中有机质含量为 85%。

2.4.5　压力对腐植酸提取率及品质影响

2.4.5.1　压力对腐植酸提取率的影响

压力工艺条件试验中以 2.5mL 容积的高压反应釜进行腐植酸提取反应，为适应反应釜的体积，称取 25g（精确至 0.0002g）昭通褐煤，在 2.0%的碱浓度下，采用 1：10 的质量体积比进行反应，反应时间 1h 后冷却至 60℃以下时开启反应釜，分离操作与前面部分一致，腐植酸碱液的酸析 pH 值仍为 2.5。

进行腐植酸压力因素实验中，反应釜内的温度和压力呈正相关关系，因此需通过提高反应温度来提高反应釜压力。从图 2.11 中可以看出腐植酸提取率在 1MPa 的压力下达到 93.11%，2MPa 压力下提取率稍微有所增加，为 93.94%，压力继续增加时提取率开始降低，降低幅度逐渐变大。从腐植酸提取率来讲，常温条件下，腐植酸提取率最高在 80%左右，而加压条件下腐植酸提取率可以达到 90%以上。

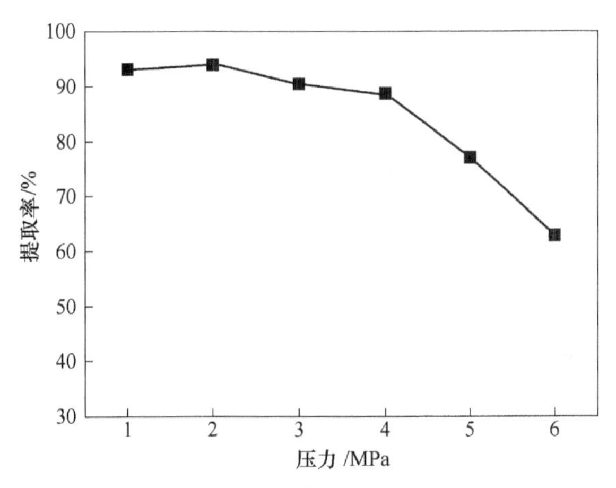

图 2.11　压力对腐植酸产率的影响

腐植酸压力试验中，随着压力的增加，温度也是在增加的，因此腐植酸在碱溶解反应中主要发生如下反应：褐煤中腐植酸与碱溶液的反应、褐煤的高压降解反应、溶液中游离腐植酸的分解反应。同时根据腐植酸在褐煤中的存在形式可知，高温高压破坏了腐植酸与钙、镁等金属元素的结合状态，使一部分结合态腐植酸溶出成为游离腐植酸，因此腐植酸提取率显著提高。

2.4.5.2　不同压力条件下腐植酸产物和残渣的工业分析

压力试验中进行工业分析能够进一步揭示出腐植酸产物和残渣的品质高低，通过分析腐植酸产物中的灰分和有机组分产率，间接判断出高温高压对腐植酸提取和分解程度的影响。腐植酸产物和提取残渣的工业分析见表 2.7，从表中数据的变化趋势可以看出，随着压力的提高，腐植酸产物中的灰分产率大体上是降低的。在 1MPa 压力下的灰分产率是 16.88%，当压力增加到 6MPa 时灰分产率是 7.77%，由灰分产率和腐植酸提取率与压力关系可推测在高温高压条件下灰分与碱溶液的反应受到抑制，或者也可以说高温高压下能够提高结合态腐植酸的溶出率。

表 2.7 不同压力条件下腐植酸和提取残渣工业分析

压力/MPa	腐植酸产品成分/%				脱腐植酸残渣成分/%			
	M	V	A	FC	M	V	A	FC
1.0	8.30	36.61	16.88	38.22	3.2	26.58	62.5	7.73
2.0	6.91	38.69	11.43	42.97	2.29	23.78	70.62	3.32
3.0	6.22	37.84	12.87	43.08	2.93	23.48	68.58	5.02
4.0	7.10	37.86	9.76	45.29	1.63	23.96	69.8	4.61
5.0	6.02	36.76	10.36	46.87	1.93	24.65	65.77	7.66
6.0	5.35	37.32	7.77	49.57	2.5	24.99	60.63	11.89

与腐植酸产物相比，提取残渣的变化非常明显，实验中通过观察残渣表面的深灰色特征可知，大部分组分为灰分。从表 2.7 中也可以看出，提取残渣中有机物组分产率仅为 30%左右，约 60%~70%的组分是灰分。这也间接证明了在高压反应条件下，相当一部分结合态腐植酸形成了游离态腐植酸被提取出来，而绝大多数金属化合物则以灰分形式存在于提取残渣之中。

2.5 腐植酸红外光谱分析

红外光谱图能够提供物质官能团、脂肪族及芳香环结构方面的信息，实验中利用红外图谱对腐植酸主要含氧官能团的存在性进行进一步证明。以选取原料、碱浓度、反应温度、反应时间及酸析 pH 值各因素下的腐植酸产物及对应残渣进行红外光谱分析，其图谱如图 2.12 所示。

由图 2.12（a）~（d）可知煤样、各因素条件下腐植酸及残渣的官能团种类相似，在 3670~2980cm^{-1}范围内三种物质均有较强的吸收峰，属于氢键缔合的多聚物的脂肪或芳香族—OH，吸收强度存在差异；在 2920~2850cm^{-1}区间内是脂肪 C—H 伸缩振动，在煤样及残渣的吸收强度较高，在腐植酸产物中吸收强度很弱甚至是没有吸收，这说明碱溶酸析法从昭通褐煤提取得到的腐植酸主要是芳香族产物而并非脂肪族产物；在 2770~1778cm^{-1}的区间内，不同因素下得到的腐植酸产物及提取残渣几乎均没有吸收振动及吸收峰存在。褐煤原料及各腐植酸产物组分在 1950~1805cm^{-1}范围内存在若干微小的波浪形峰，是苯环取代物质的峰形，其吸收强度较弱，是被其他物质峰形掩盖。腐植酸产物的羧基吸收峰均出现红移现象，在 1640cm^{-1}处呈现出强吸收峰，可能的原因是固体产物中羧基基团

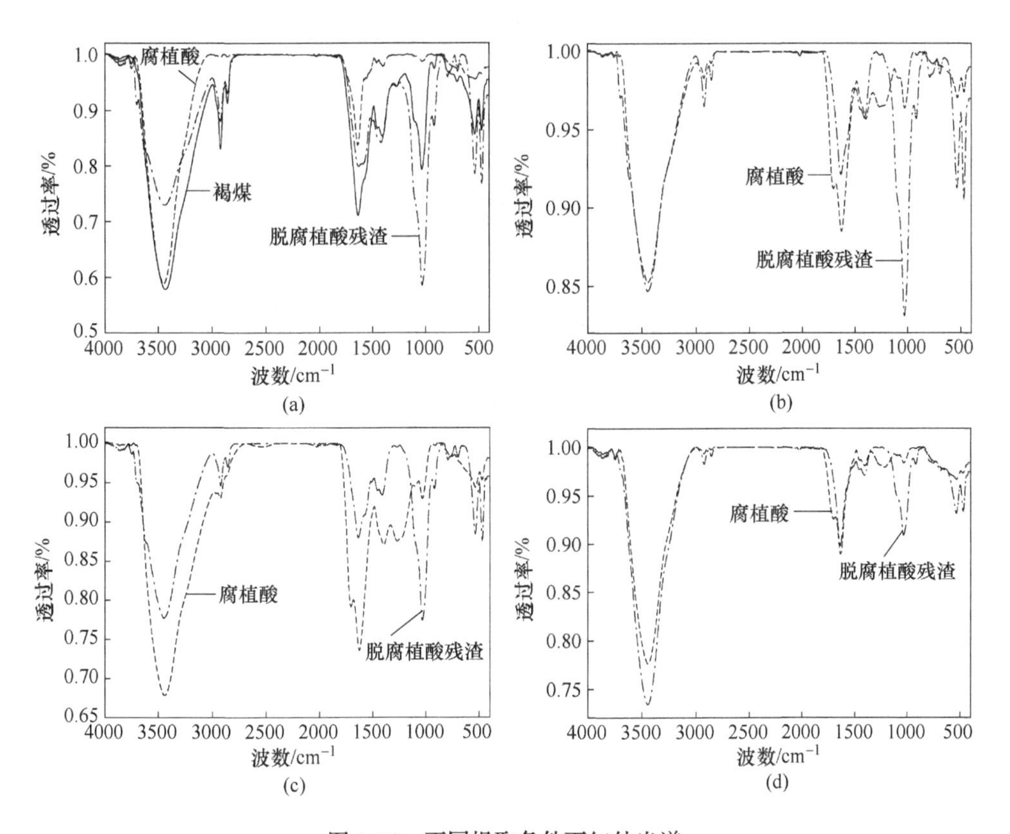

图 2.12 不同提取条件下红外光谱

(a) NaOH=1.5%, T=23℃, t=1h, pH=2.5; (b) NaOH=1.5%, T=80℃, t=1h, pH=2.5; (c) NaOH=1.5%, T=70℃, t=3h, pH=2.5; (d) NaOH=1.5%, T=70℃, t=1h, pH=1.0

的共轭效应和氢键效应占主导地位，氢键效应同样使羧基的 C—O 伸缩和 O—H 变形移到 1025cm^{-1}位置处。由红外图谱对比分析可知，不同反应因素下腐植酸产物图谱存在一定差异，但是反映出的变化趋势是一致的。

2.6 金属元素在腐植酸提取过程中的分布

腐植酸在褐煤中主要以游离态腐植酸和结合态腐植酸组成，其中结合态腐植酸主要是和钙镁铝铁等多价金属元素以络合螯合物形式存在，这就造成了在腐植酸提取过程中，有相当一部分结合态腐植酸未能被提取出来。通过昭通褐煤腐植酸提取工艺实验中，腐植酸的工业分析和原料的工业分析、金属元素含量测定可知，灰分中金属元素的存在对腐植酸提取率有重要影响。因此对褐煤原料、腐植酸产物和提取残渣中的金属元素含量和存在状态的测定是非常必要的。

2.6.1 褐煤、腐植酸产物和提取残渣中金属元素含量测定

利用0.1mol/L的盐酸溶液对昭通褐煤酸洗预处理，实验中采用ICP-AAS方法对煤样酸洗预处理，前后得到的腐植酸产物和提取残渣进行了金属元素含量检测。腐植酸提取条件为：1.5%氢氧化钠溶液（碱溶液体积：褐煤质量=10：1），80℃反应温度下反应3h，酸析pH=1.0。金属元素含量数据见表2.8。

表2.8 腐植酸产物和残渣中的金属元素含量

样品	金属元素含量/%							
	K	Na	Ca	Mg	Al	Fe	Si	总计
昭通褐煤	0.38	0.056	3.71	0.51	3.64	1.88	6.18	16.36
腐植酸产品	0.38	2.90	0.92	0.06	0.75	0.41	4.13	9.55
脱腐植酸残渣	0.53	2.40	2.89	0.64	5.61	3.03	12.6	27.7

昭通褐煤腐植酸提取过程中金属元素的变化情况可总结如下：

（1）从表2.8中可以看出，活泼性较好的K元素和Na元素在腐植酸产物和提取残渣中分布与腐植酸产物和残渣质量呈正相关关系，对比昭通褐煤原料的Na元素含量可以发现，褐煤原料中Na元素含量非常低，而腐植酸产物和残渣中Na元素含量均高于褐煤原料，主要是原因是采用氢氧化钠作为萃取剂提取腐植酸过程中引入了Na元素。

（2）对于有络合螯合腐植酸大分子能力的Ca、Mg、Al、Fe多价金属元素来讲，在腐植酸产物和提取残渣中的含量分布变化不尽相同。Ca元素在原料中含量为3.71%，腐植酸产物中Ca元素含量为0.92%，提取残渣中含量2.89%，说明Ca元素主要分布在提取残渣中；Mg、Fe元素在褐煤腐植酸提取实验中变化规律与Ca元素非常一致。从原料上来看，Al元素含量与Ca元素相差较小，且在腐植酸与提取残渣中的分布情况相一致。

Si元素在原料中主要以硅酸盐、铝硅酸盐和石英等矿物组分形式存在。从表中可以看出，Si元素在腐植酸产物及提取残渣中均含量较高。

2.6.2 褐煤、腐植酸产物和提取残渣中金属元素存在状态

ICP-AAS检测虽然能够反映出金属元素在腐植酸提取过程中的含量变化，但金属元素的赋存状态仍不清楚，因此需对煤样、腐植酸产物及提取残渣进行X射线检测，得到金属元素的存在状态，从而进一步分析金属元素在腐植酸提取过程中的反应机理。

2.6.2.1 褐煤原料中金属元素存在状态

褐煤中含有多种岩石成分，如高岭石、蒙脱石、方解石、钾钙钠长石等，而金属元素通常以岩矿石组分存在于煤中。实验中以昭通褐煤、腐植酸产物和提取残渣为例进行 X 射线衍射分析。

从图 2.13 中可以看出褐煤原料的 X 射线衍射峰的数量众多，但大多数没有明显的峰形且强度较小，这与褐煤复杂的结构及所含金属元素众多有关。从衍射峰能谱定性分析可知大多数金属元素在褐煤中并不是以单质形式存在的，在煤炭形成过程中，金属元素在长时间的地球化学作用下常多以混合态的氧化物及氢氧化物的形式存在于煤炭中，某些金属还可以与有机大分子结合在一起。从图中可以看出，Al 元素有单一氧化物形态，而其他六种元素均以混合金属氧化物或氢氧化物形式存在。

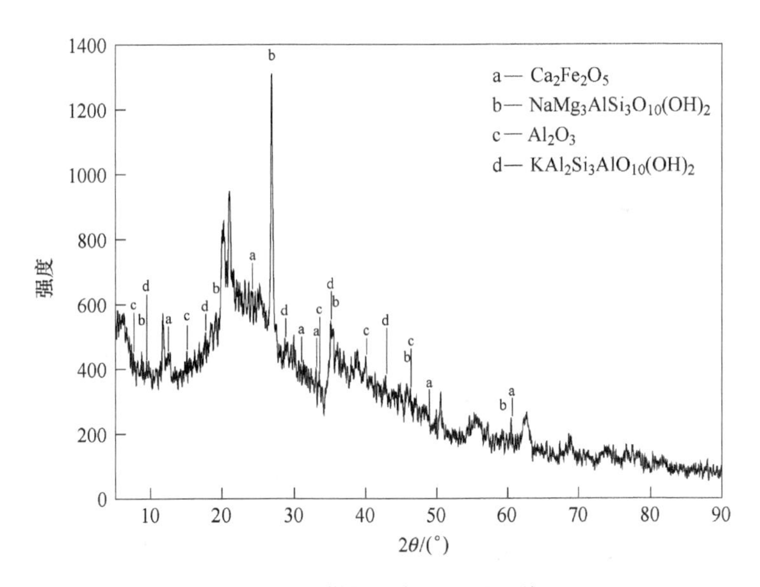

图 2.13 煤样 X 射线衍射图谱

2.6.2.2 腐植酸产物的 X 射线衍射图谱分析

从图 2.14 中可以看出，腐植酸产物的 X 射线衍射图谱有若干个明显的峰形，分析表明最可能的是金属化合物 Fe_2Si 的衍射峰形，其余金属化合物的峰形均较小，主要是钠、镁、铝的硅酸盐化合物，以氧化态和氢氧化态形式存在的硅酸盐化合物，包括 $Ca(Al_2Si_2O_8)$、$NaCa_2Fe_4AlSi_6Al_2O_{22}(OH)_2$等多种组合形式。与煤样原料相比，腐植酸产物中灰分的总含量降低但仍有一定的残留，且主要以硅酸盐化合物成分存在，这也是工业分析中硅元素含量较高的主要原因。

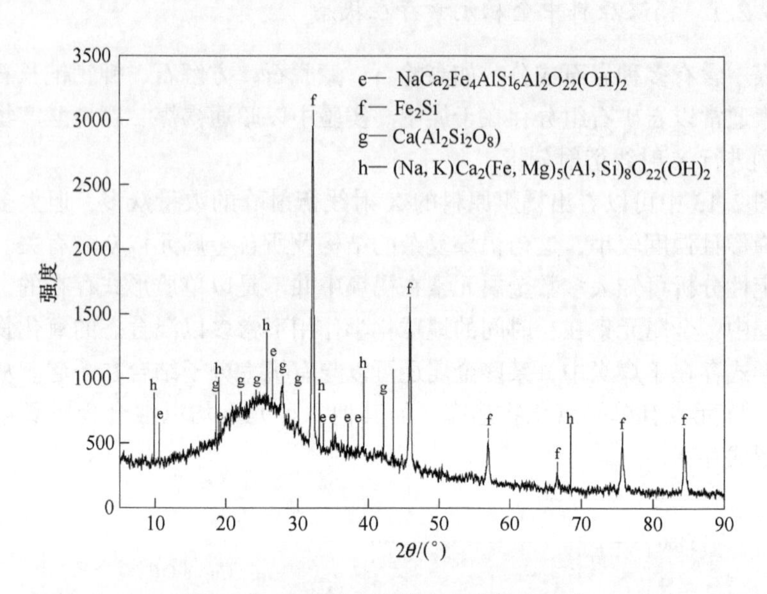

图 2.14 腐植酸产物的 X 射线衍射图谱

腐植酸产物中各种金属元素的矿物组分来源主要包括被腐植酸以化学结合和物理吸附的金属元素及其盐类两个方面。其中以化学结合的金属元素主要包括 Ca、Mg、Al、Fe，以物理吸附或结构包裹的元素主要是 K、Na 和 Si 元素。在腐植酸干燥过程及酸性条件下，各种金属元素的化合物相互之间发生脱水、氧化、二氧化碳析出等反应，使得金属元素大多以结合态及混合态形式存在与腐植酸产物中，因此在 X 射线衍射图谱中得以显现出来。

2.6.2.3 提取残渣的 X 射线衍射图谱分析

图 2.15 所示为提取残渣的 X 射线衍射图谱，X 射线衍射图谱中有较多的金属氧化物及氢氧化物，其中峰形最明显且强度最高的是石英石（SiO_2）。从提取残渣的 ICP 分析可知，Si 元素含量较高，其原因主要是含量较高的碱不溶于硅酸盐化合物或氢氧化物，在一定温度下干燥后发生脱水等反应生成二氧化硅及硅酸盐化合物。

由 X 射线衍射图谱可知，金属元素在煤样、腐植酸产物及提取残渣中主要是以氧化物或氢氧化物的混合态形式或金属矿石形式存在，其中多以 Ca、Mg、Al、Fe 等的硅酸盐化合物形式存在。

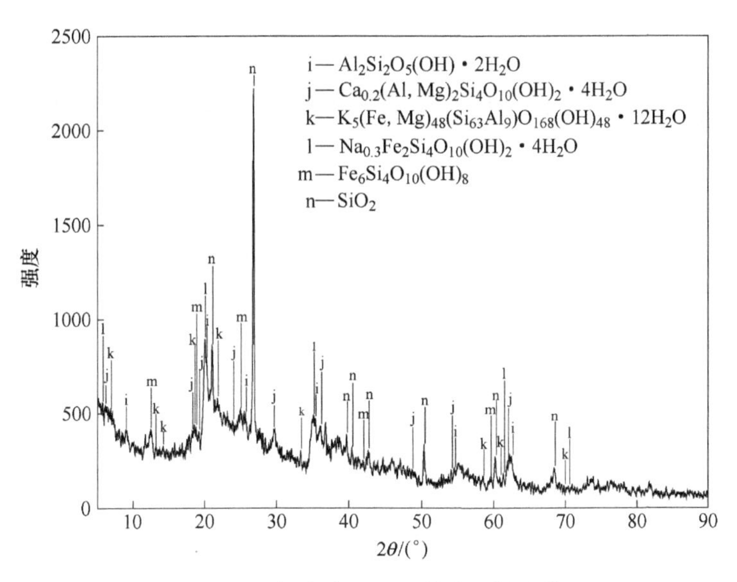

图 2.15 提取残渣的 X 射线衍射图谱

3 昭通褐煤脱腐植酸残渣的低温热解

昭通褐煤提取腐植酸切实可行，关于提取完腐植酸后的褐煤残渣，还含有半数以上的有机质，若未对其利用，会造成资源上的极大浪费。在对其利用上，国内外学者仅在其对重金属离子的吸附性能上做了相关的研究，而其他方面的研究报道几乎没有。关于煤的热解，国内外已做了较为详述的研究，褐煤残渣由于缺少了原煤中含有的腐植酸，导致其在很多性质上有别于原煤，比如其热解特性、气化性等，因此本章节主要对脱除腐植酸的褐煤残渣进行热解，研究其热解反应特性。主要研究内容如下：

（1）昭通褐煤残渣的热解特性。以热解气、焦油及半焦的产率为分析指标，考察温度、升温速率、热解气氛、恒温时间对残渣热解反应特性的影响。

（2）矿物质对残渣热解特性的影响：

1）固有矿物质的影响。对残渣进行酸洗脱灰处理，对比脱灰前后残渣的热解特性，研究残渣中的固有矿物质对其热解特性的影响。

2）外加矿物质的影响。采取浸渍法分别将碱金属盐、碱土金属盐及过渡金属盐负载在脱灰褐煤残渣中，考察负载后的残渣热解特性，研究外加矿物质对残渣热解特性的影响。

3.1 脱腐植酸褐煤残渣的获取及性质

实验以云南昭通褐煤为原料，实验前将褐煤进行干燥处理，并粉磨至粒度为 0.175mm（80 目），根据文献［1］的方法，按照碱浓度为 1.5%，80℃下反应 3h 进行腐植酸的提取，经离心得到的固体用蒸馏水清洗 3 次即是褐煤残渣，此种方法对昭通褐煤腐植酸的提取率高达 76.3%。制得的残渣在 60℃干燥，并粉碎至 1.397~0.991mm（12~16 目）之间，褐煤原料和残渣工业分析见表 3.1。

表 3.1 样品的工业分析及发热量

样品	V 含量/%	A 含量/%	FC 含量/%	Q/MJ · kg^{-1}
褐煤	44.39	25.11	30.05	15.21
残渣	38.56	42.24	19.20	13.75

由表 3.1 可以看出提取完腐植酸后，残渣中灰分大幅增长，挥发分和固定碳

都有较大程度的下降，但总和也占据了半数以上，残渣的热值略有降低，还是一种有价值的含碳原料。

3.2 热解设备

实验装置流程图如图3.1所示、装置实物图如图3.2所示，主要包括载气系统、水蒸气发生系统、加热炉体系统、焦油冷凝收集系统以及气体收集系统。载气系统是由高压气瓶、阀门及流量计组成的，流量计用来测算载气的流量。水蒸气发生系统是通过平流泵将去离子水注入预热炉从而产生高温水蒸气。加热炉体系统是由温度控制箱、保温箱、4根硅碳加热棒、1根不锈钢管式反应器以及控温热电偶组成。焦油冷凝系统是由冷阱、冷凝管以及洗气瓶组成的。

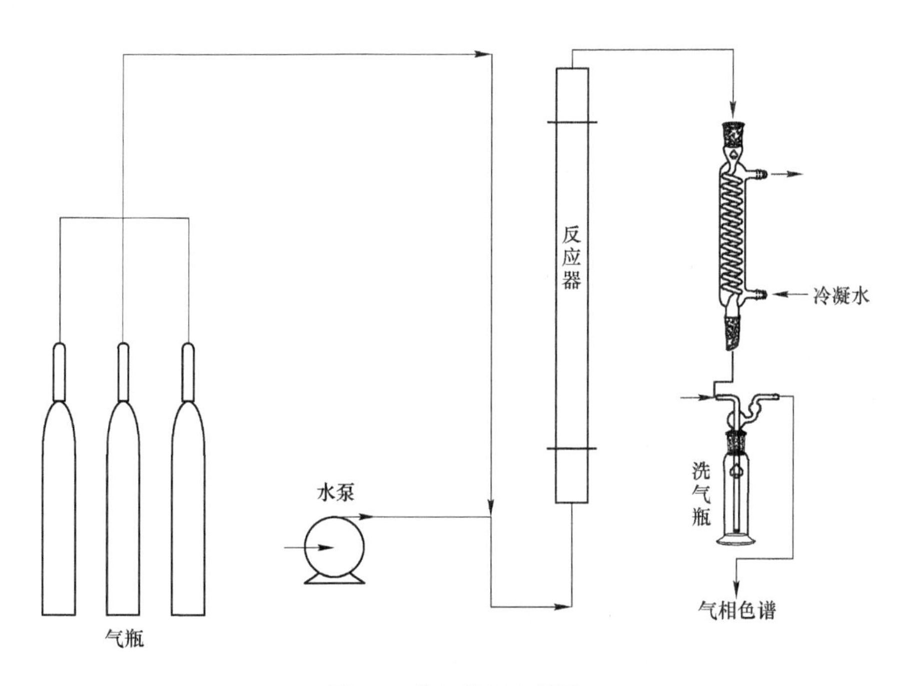

图3.1 热解装置流程图

每次实验将25g样品装入反应器中，从反应器下部通入不同的气体作为载气，同时也是热解气氛气，热解产生的挥发分随载气从反应器上部带出，在经过5℃的冷阱，焦油被冷凝，随后热解气经过丙酮洗气瓶，丙酮吸收未被冷凝的焦油组分，除去焦油后的不凝性气体（H_2、CO、CO_2、CH_4、C_2H_4、C_2H_6）用排水法收集并测量体积，凝结在冷凝管上的焦油用丙酮洗涤3次，连同洗气瓶中的丙酮混合在一起，加入无水硫酸镁，静置30min，待无水硫酸镁与水分充分反应

图 3.2　热解装置实物图

后过滤，滤液经旋转蒸发仪在 40℃的低温下真空蒸发，分离出焦油和丙酮，得到的焦油称重并算出收率，热解后的固体产物半焦取出称重计算收率，热解气用气袋收集并送检。

3.3　热解产物收率的计算

3.3.1　热解气产率计算

热解气产率的计算公式如下：

$$Y_{gas} = \frac{V_{gas} - V_{cs}}{m(1 - A)} \tag{3.1}$$

式中　Y_{gas}—— 热解气产率，L/g；

V_{gas}——排水法测得的气体体积，L；

V_{cs}——实验所测载气的体积，L；

m——实验所用样品的质量，g；

A——样品中灰分含量，%。

热解气产率的计算脱除了样品中的灰分，使计算方法以纯有机质为基准。

3.3.2　焦油产率计算

焦油产率的计算公式如下：

$$Y_{tar} = \frac{m_{tar}}{m(1 - A)} \times 100\% \tag{3.2}$$

式中 Y_{tar}——焦油产率,%;

m_{tar}——焦油的质量, g;

m——实验所用样品的质量, g;

A——样品中灰分含量,%。

焦油产率的计算脱除了样品中的灰分, 使计算方法以纯有机质为基准。

3.3.3 半焦产率计算

半焦产率的计算公式如下:

$$Y_{char} = \frac{m_{char}(1 - A_1)}{m(1 - A)} \times 100\% \tag{3.3}$$

式中 Y_{char}——半焦产率,%;

m_{char}——半焦的质量, g;

m——实验所用残渣的质量, g;

A——样品中灰分含量,%;

A_1——半焦中灰分含量,%。

半焦产率的计算脱除了半焦和样品中的灰分, 使计算方法以纯有机质为基准。

3.4 热 重 分 析

采用的热重分析仪为瑞士 Mettler Toledo Tga/Dsc 1/1600ht 同步热分析仪, 载气为 N_2, 选择载气流量为 80mL/min, 每次将 10mg 煤样置于热坩埚内, 待通入的 N_2将装置内的空气置换后, 以 20K/min 的升温速率从室温升至 900℃, 压力均为常压。

3.5 残渣与褐煤热解对比

3.5.1 残渣与褐煤红外分析表征对比

图 3.3 所示为昭通褐煤及其脱腐植酸残渣样品的红外光谱图, 3670~2980cm^{-1}范围内是以游离的—OH 或芳香族—OH 特征峰、2920~2850cm^{-1}范围内是脂肪 C—H 伸缩振动峰, 1550~1750cm^{-1}处是羰基或羧基的 C═O 振动峰, 由图可以看出, 这几个残渣振动峰都有所减弱, 但 1500cm^{-1}处的芳香环 C═C 骨架伸缩振动峰有所增强, 1040cm^{-1}和 530cm^{-1}的硅酸盐、黏土类矿物质吸收峰也显著增强。由此可以说明, 腐植酸脱除后, 残渣结构中的脂碳量减少, 氧含量减

少，芳香环相对含量增加，由于在用氢氧化钠溶液提取腐植酸的过程中，褐煤中一些碱不溶性的硅酸盐相对含量增大，导致残渣中的硅酸盐和黏土类物质含量增大。

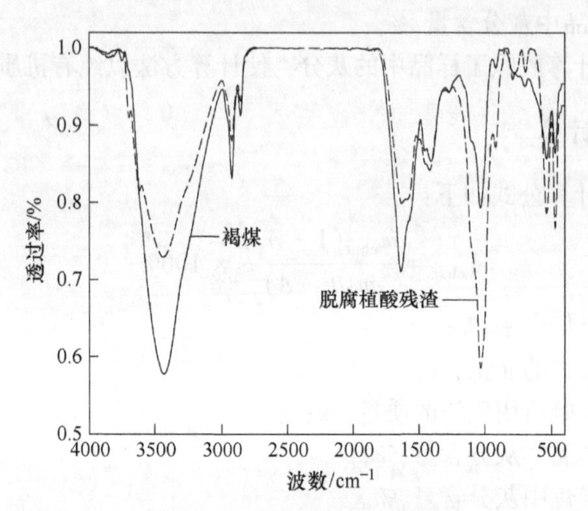

图 3.3　样品的红外光谱分析

3.5.2　残渣与褐煤的热重分析

热解失重法是在一定的升温速率下，测出样品的质量变化与温度或时间的函数关系，本节中的热重分析是在 N_2气氛下、20K/min 的升温速率以及 900℃ 的热解终温下进行的，褐煤与残渣的热失重（TG）和热失重微分曲线（DTG）如图 3.4 和图 3.5 所示。

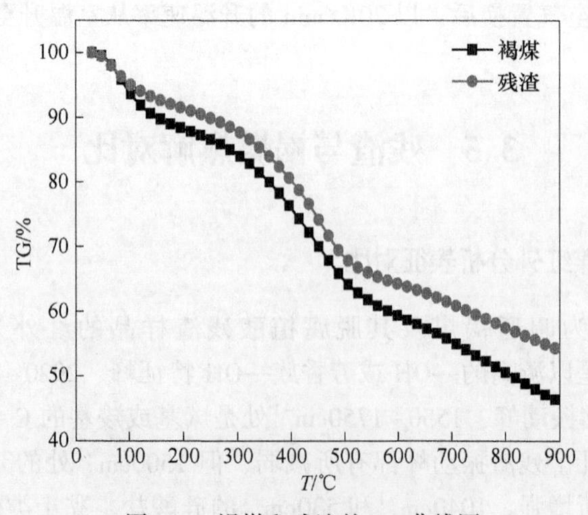

图 3.4　褐煤和残渣的 DG 曲线图

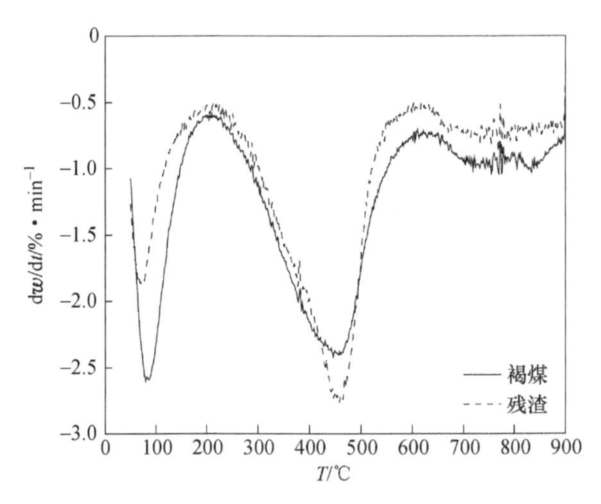

图 3.5 褐煤和残渣的 DTG 曲线

可以看出，褐煤和残渣的热解过程都有 3 个失重峰，可以分为 3 个阶段，第一阶段是脱水脱气阶段，褐煤及残渣中的水分和以物理方式吸附的小分子气体被脱除，此阶段的温度区间分布在 50~150℃，由图可以看出褐煤中的水分含量较高，且失重速率也高于残渣中水分的失重速率；第二阶段是热解的主要阶段，温度区间分布在 250~550℃范围内，在此区间残渣的失重速率明显高于褐煤，但褐煤的失重率较高，这与腐植酸的存在与否有关，可以推测腐植酸脱除后，有利于提高热解速率；550~900℃区间是第三个阶段的热解，此阶段主要是芳环的缩聚和矿物质的分解，残渣在此阶段的热解失重率和失重速率都明显低于褐煤，说明残渣在此阶段的热稳定性较强。

3.5.3 残渣与褐煤的热解产物对比

将残渣和昭通褐煤原料分别在 20K/min 的升温速率、800℃的热解温度、N_2 气氛下进行热解，并在 800℃下恒温 10min，按式（3.2）中描述的方法对热解产物进行收集分析，对比研究残渣和褐煤原料的热解产物。

残渣和昭通褐煤的热解产物分布如图 3.6 所示，由图可以看出，残渣的产气率较低，为 0.2240L/g，而褐煤原料为 0.3532L/g；从产油率上来看，残渣的焦油产率 2.60%，褐煤的产油率较大，约为 3.24%；从半焦产率上来看，残渣的产焦率高达 57.40%，褐煤产焦率次之，为 49.16%。

综上所述，腐植酸脱除后，残渣热解产物中产气量和产油量相对较低，而产焦量较高，这是由于从褐煤中提取腐植酸后，余下的残渣中有机质的相对含量减少，导致热解气和热解油的含量都降低；同时由于残渣芳香环相对含量增加，增

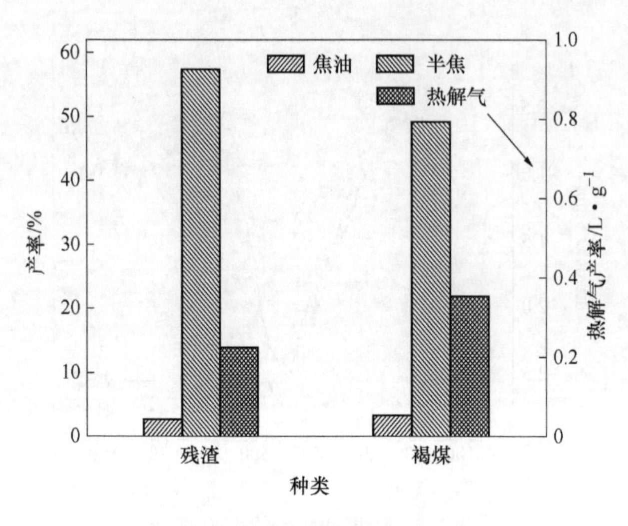

图 3.6　热解产物分布

加了芳香环相互缩合生成半焦的几率，导致半焦的质量增加，热解挥发分减少，热解气和焦油的产量减少。

3.6　残渣的热解

残渣的热解特性和操作条件有着密切的关系，操作条件不同，残渣的热解产物分布、热解气体组分、焦油组分及半焦组分都会有所不同，本节从热解温度、升温速率、热解气氛及热解时间这四个方面来研究操作条件对残渣热解特性的影响。

3.6.1　温度对残渣热解产物分布的影响

在 N_2 气氛、15K/min 的升温速率、恒温时间 10min 的条件下，分别在 400℃、500℃、600℃、700℃、800℃对残渣进行热解，研究温度对残渣热解特性的影响，结果如图 3.7 所示。从图 3.7 可以看出在相同的热解气氛、升温速率及热解时间下，当热解温度从 400℃升到 800℃时，半焦的产率从 67%降到 57%，焦油的产率从 0.48%上升到 2.3%，热解气产率从 0.0536L/g 上升到 0.1572L/g。这是由于随着热解温度的升高，热解程度加深，同时半焦的裂解程度也加深，从而导致半焦的产率降低，热解气的产率升高。焦油的产量随温度的升高也呈现升高趋势，虽然随着温度的升高，会有部分一次焦油进一步裂解生成二次焦油，但本实验中焦油的生成优于焦油的裂解，温度对残渣的热解作用要比焦油的二次裂解显著，从而总的结果表现为焦油的产量也随温度的升高而升高。

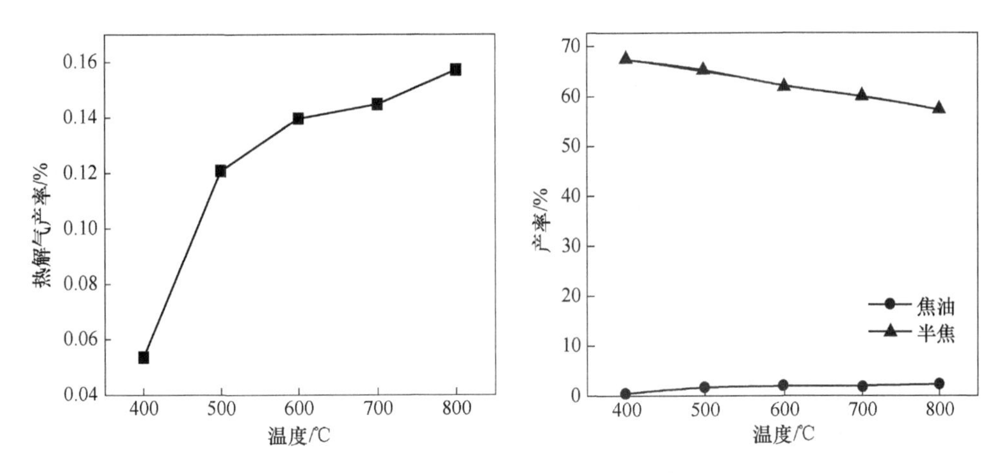

图 3.7 温度对产物分布的影响

3.6.2 升温速率对残渣热解产物分布的影响

在 N_2气氛、热解终温 600℃、恒温时间 10min 的条件下，分别在 15K/min、20K/min、25K/min、30K/min、35K/min 的升温速率下对残渣进行热解，研究升温速率对残渣热解特性的影响，结果如图 3.8 所示。

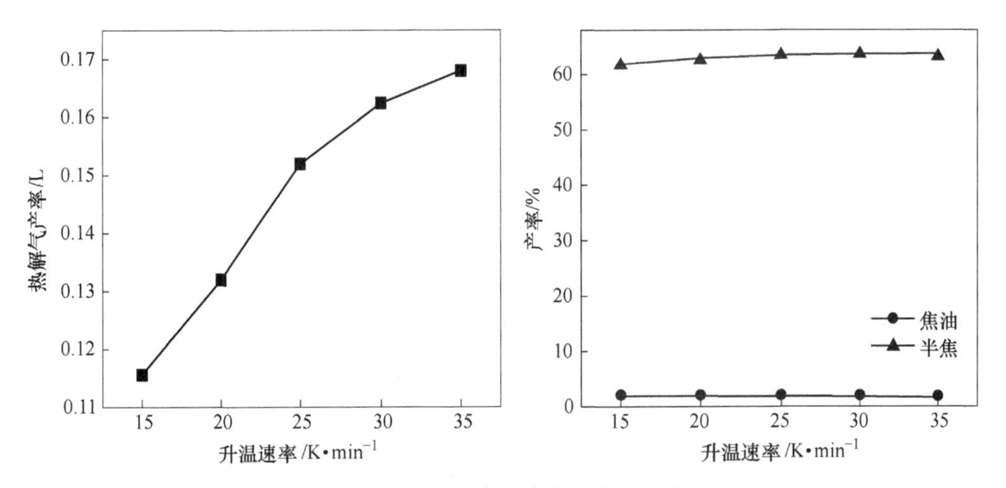

图 3.8 升温速率对产物分布的影响

由图 3.8 可以看出，随着升温速率的升高，半焦的产率从 61.84%上升到 63.36%，焦油的产率从 1.92%下降到 1.61%，热解气产率从 0.1396L/g 下降到 0.1324L/g，这与 Tian[2]、朱学栋[3]等人研究有些不同，Tian、朱学栋等人研究了升温速率对煤热解特性的影响，得出随着升温速率的升高，煤的最大热解速率增大，范冬梅等人[4]的研究结果也表明升温速率增高，煤的挥发分释放特性指数增大，会使气相产物增多。在本实验中，从洗气瓶内丙酮中冒出的气泡来看，随着升温速率的增大，残渣的确在某个时间段热解产生的气量多、速率快，但是相比之下，在较慢的升温速率时，残渣在每个温度点停留的时间更长，达到热解终温所需的时间也较长，总的热解时间相比快升温速率下延长，最终残渣的热解更充分，因而得到热解气和焦油的产量也会增大。

3.6.3　热解气氛对残渣热解特性的影响

在 30K/min 的升温速率、热解终温 600℃，并在终温处恒温 10min 的条件下进行热解实验，分别考察 CO_2、N_2、水蒸气气氛下的热解性能，研究热解气氛对残渣热解特性的影响，结果如图 3.9 所示。

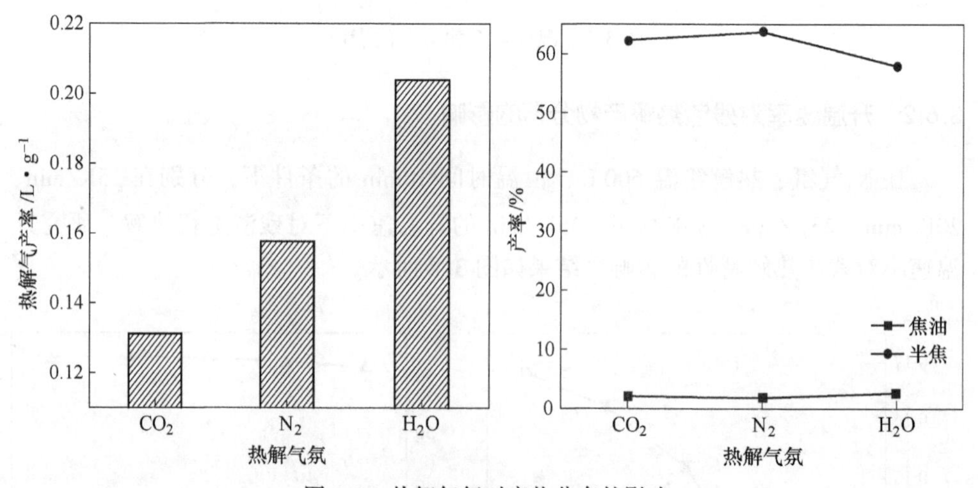

图 3.9　热解气氛对产物分布的影响

由图 3.9 可以看出在水蒸气气氛下得到的热解气和焦油产量最多，得到的半焦产量较低，在水蒸气存在的条件下主要会发生如下反应：

$$C + H_2O \longrightarrow H_2 + CO \tag{3.4}$$

$$CO + H_2O \longrightarrow H_2 + CO_2 \tag{3.5}$$

$$CH_4 + H_2O \longrightarrow 3H_2 + CO \tag{3.6}$$

反应（3.4）消耗了较多的碳，转化成热解气体，并且这三个主要的反应都像体积增多的方向进行，所以得到的热解气产量较高，半焦较低；同时，由于水蒸气下产生的 H_2 较多，这些 H 结合了热解产生的不稳定自由基，减少了自由基之间的相互缩聚的机会，使半焦的产率下降，焦油的产量增多。

在 CO_2 的氛围下得到的半焦最多，主要发生的反应为：

$$C + CO_2 \longrightarrow 2CO \tag{3.7}$$

热解气和焦油的产量顺序为：CO_2<N_2<H_2O。

3.6.4 恒温时间对残渣热解产物分布的影响

在热解终温600℃、30K/min的升温速率、N_2气氛下，分别考察在终温处恒温10min、20min、30min、40min、50min的热解性能，研究恒温时间对残渣热解特性的影响，实验结果如图3.10所示。

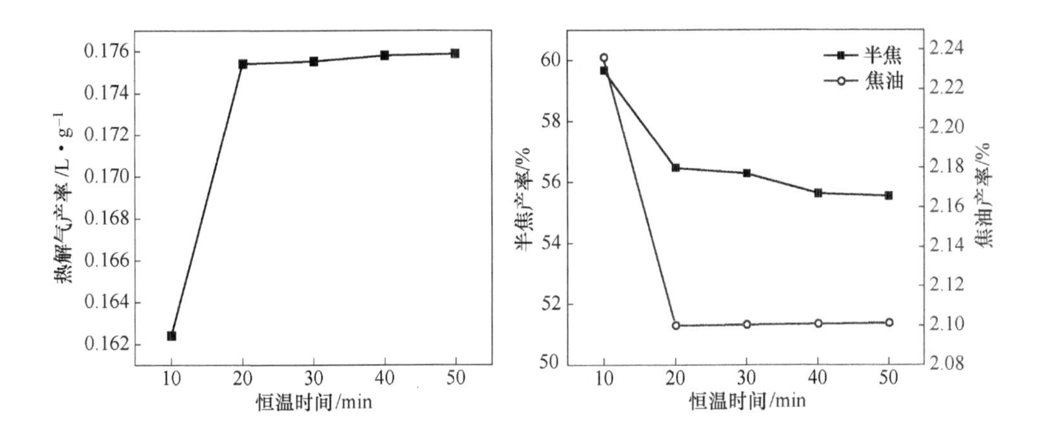

图3.10 恒温时间对产物分布的影响

在热解终温达到600℃后，由图3.10可以看出，在恒温时间由10min延长到20min的过程中，热解气的产率有所提升，从0.1624L/g上升到0.1754L/g，随后随着恒温时间的延长热解气的产率基本无明显变化；焦油的产率在恒温时间由10min延长到20min的过程中有相对较大程度的下降，从2.23%下降到2.21%，随后随着恒温时间的延长没有明显变化；半焦在恒温时间从10min延长到20min时有较大程度的下降，产率从59.69%下降到56.46%，之后随着恒温时间的继续延长，半焦的产率有轻微的下降趋势。

综上所述，残渣在热解终温达到恒定温度时，在恒温时间由10min延长到20min，热解气的产率有所上升，焦油和半焦的产率有所下降，在恒温20min后随着热解时间的继续延长，各热解产物的产量只有极其轻微的变化。这是由于随着恒温时间的延长，残渣中易分解的基团含量越来越少，半焦中热稳定性较强的基团也会发生缩聚等反应，释放出热解气，表现为热解气的产率略有增加，半焦的产率略有下降；另外，由于此阶段的热解气的逸出量少，焦油被载出反应器的速度也相应变慢，增加了焦油二次裂解的概率，增加了热解气的产量，同时焦油的产率也有所降低，但随着恒温时间的继续延长，焦油大多数已逸出反应器，所以焦油的产率随恒温时间的延长已无明显变化。

3.7　矿物质对残渣热解特性的影响

残渣中除了含有碳、氢、氧、氮等元素的有机质外，还含有较多的无机矿物组分，这点从表3.1可以看出，残渣的灰分高达42.24%，同时一些研究者在研究煤的热解特性时发现，矿物质中的金属元素对煤的热解起着催化作用，那对于缺少了腐植酸的残渣，矿物质对热解影响作用会是什么呢？本节通过对残渣进行脱矿物质处理，比较脱灰前后热解特性，研究了残渣中的固有矿物质及其热解特性的影响；并通过往脱矿物质后的褐煤残渣添加金属盐（KCl、NaCl、$CaCl_2$、$MgCl_2$、$FeCl_3$、$NiCl_2$）的方式，进一步研究外加的矿物质对残渣热解特性的影响，研究内容包括以下两个部分：

（1）固有矿物质对残渣热解产物分布、热解气组分、焦油组分和半焦成分的影响。

（2）外加矿物质对残渣热解产物分布、热解气组分、焦油组分和半焦成分的影响。

3.7.1　固有矿物质对残渣热解特性的影响

3.7.1.1　固有矿物质分析

取100g褐煤残渣放入烧杯中，加入5mol/L的盐酸300mL，在50℃水浴锅下搅拌12h，过滤后将残渣转移至聚四氟乙烯烧杯中，再加入氢氟酸溶液200mL，同样在水浴锅中搅拌12h，重复以上操作3次，脱灰后的残渣工业分析见表3.2。

表3.2　脱灰残渣的工业分析

样品	挥发分含量/%	灰分含量/%	固定碳含量/%
脱灰残渣	58.01	3.89	38.10

表3.3是残渣中各金属元素含量分析，由表看出残渣中Si、Al、Na、Ca、Fe元素含量较高，都占据了2%以上。

表3.3　残渣金属元素分析（ICP）

样品	金属元素含量/%							
	K	Ca	Na	Mg	Al	Si	Fe	Ni
残渣	0.35	3.02	3.63	0.51	4.47	8.09	2.13	0.0022

图3.11所示为提取残渣的X射线衍射图谱，矿物质的种类包括铝硅酸盐及钙、镁、铁同晶替代的铝硅酸盐以及石英石（SiO_2），其中峰形最明显且强度最高的是石英石（SiO_2）。

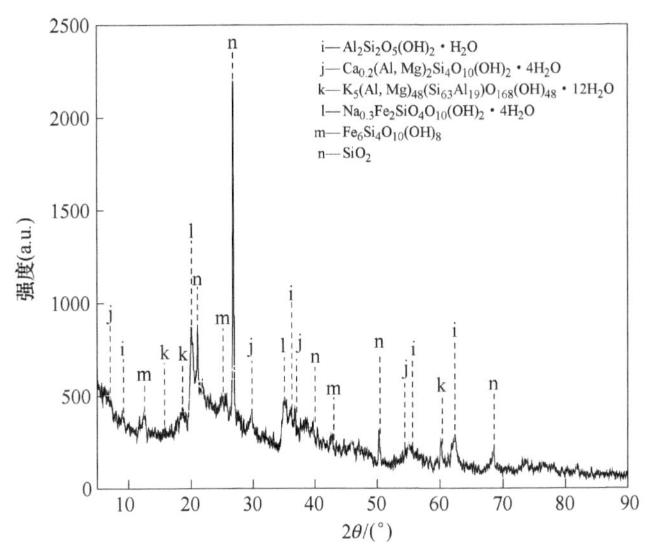

图 3.11 残渣的 X 射线衍射图谱

残渣中的矿物组分见表 3.4。

表 3.4 残渣中的矿物组分

名称	化学式	名称	化学式
八面沸石	$Ca_{28}Al_{57}Si_{135}O_{384}$	镁、铁绿泥石	$(Mg,Fe,Al)_{3-x}[SiAlO_5](OH)_{4-2x}$
多水高岭石	$Al_2Si_2O_5(OH)_4 \cdot 2H_2O$	蒙脱石	$Ca_{0.2}(Al,Mg)_2Si_4O_{10}(OH)_2 \cdot 4H_2O$
钠沸石	$Na_2Al_2Si_3O_{10}(H_2O)_3$	绿脱石	$Na_{0.3}Fe_2Si_4O_{10}(OH)_2 \cdot 4H_2O$
高岭石	$Al_2Si_2O_5(OH)_4$	绿泥石-蛇纹石	$(Mg,Al)_6(Si,Al)_4O_{10}(OH)_8$
绿泥石	$(Mg_2Al)[SiAlO_5](OH)_4$	鲕绿泥石	$(Fe,Al,Mg)_6(Si,Al)_4O_{10}(OH)_8$
石英石	SiO_2		

3.7.1.2 样品的处理及分析

实验前先对残渣进行脱灰处理以脱除残渣的内在矿物质，由表 3.2 可以看出，脱灰后残渣中的灰分显著下降，仅含 3%左右，以此脱灰残渣为热解对象，考察脱除矿物质及外加金属盐对其热解特性的影响。

图 3.12 所示为脱灰残渣的红外光谱图，3670～2980cm^{-1}范围内是游离的—OH 或芳香族—OH 特征峰；2920～2850cm^{-1}范围内是脂肪 C—H 伸缩振动峰；1550～1750cm^{-1}处是羰基或羧基的 C ═O 振动峰。由图 3.12 可以看出，残渣中这几个振动峰的变化都不太明显，但在 1040cm^{-1}和 530cm^{-1}的硅酸盐、黏土类矿物

质吸收峰却无振动峰出现。由此可以进一步说明，脱灰后，残渣的有机质结构并无明显变化，但残渣中的无机矿物组分含量已基本完全脱除。

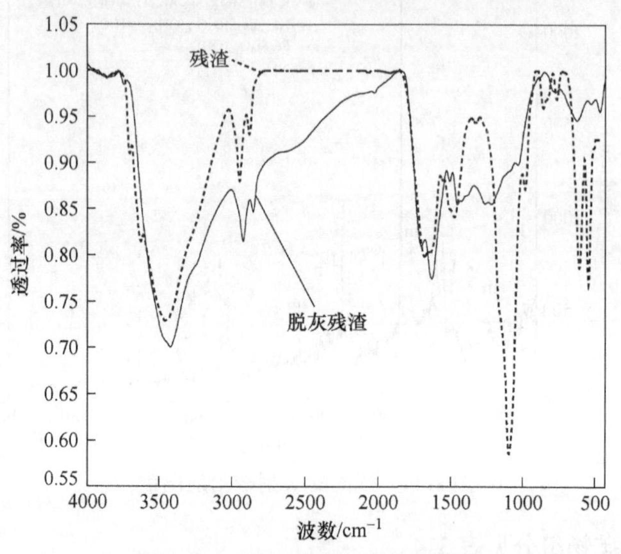

图 3.12　脱灰残渣的红外光谱图

3.7.1.3　固有矿物质对残渣热解过程的影响

在热解终温 800℃、20K/min 的升温速率、N_2气氛下进行热解实验研究，分别考察了残渣和脱灰残渣的热解性能，研究了固有矿物质对残渣热解特性的影响。

图 3.13 和图 3.14 所示为残渣在 N_2气氛下、热解终温 900℃、20℃/min 升温速率下的 DG 和 DTG 图。由图 3.14 可以看出，残渣和脱灰残渣有两个较为明显的失重峰，其中 200℃之前的失重峰为脱水脱气阶段，此阶段残渣所含的水分和表面吸附的气体被脱除，结合 DG 和 DTG 曲线来看，脱灰残渣在此阶段的失重量和失重速率稍大，失重温度也稍提前。随着温度的升高，从 DTG 曲线上可以看出在 200℃后，脱灰残渣的失重速率开始高于残渣，在 400～500℃范围内两者都出现了最大失重峰，此阶段是热解的主要阶段，挥发分大量逸出，同时也可以看出在该阶段脱灰残渣的最大失重速率远大于残渣，最大失重速率对应的温度 t_{max} 也降低，脱灰残渣的热解失重率也远高于残渣，这说明固有矿物质的存在并不利于残渣的热解，脱灰后，残渣的失重量和最大失重速率都会增加，失重温度也有所提前。

3.7.1.4　固有矿物质对残渣热解产物分布的影响

固有矿物质对残渣热解产物分布的影响如图 3.15 所示。由图 3.15 可以看

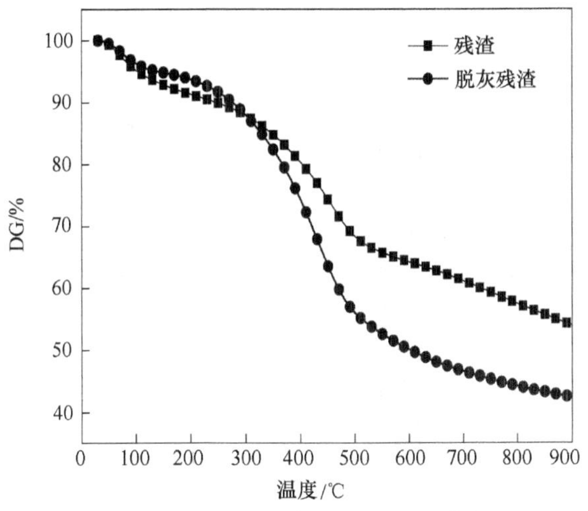

图 3.13 残渣和脱灰残渣的 DG 曲线

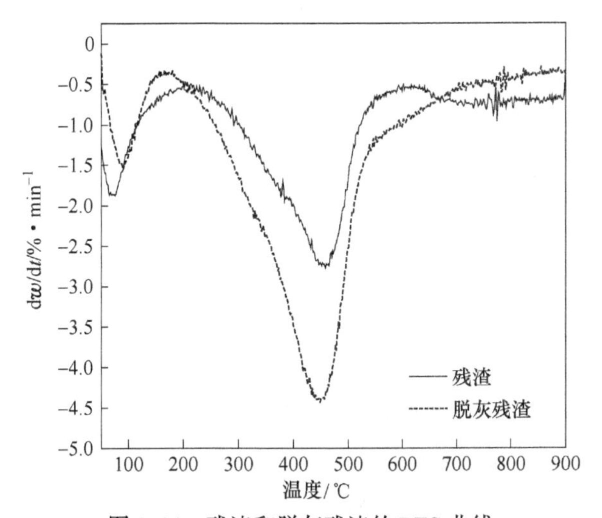

图 3.14 残渣和脱灰残渣的 DTG 曲线

出，脱灰残渣的热解焦油产率为 4.88%，相比残渣提高了 2.20%，脱灰残渣的热解气产率为 0.3132L/g，相比残渣提高了 0.09L/g，唯半焦产率有所下降。这是由于在未脱灰之前，残渣的灰分含量高，灰分也多是硅酸盐和黏土类矿物质，熔点较高，残渣在热解的过程中不会形成胶质体，无法熔融和流动，使矿物质在残渣热解的过程中不但不具有分散作用，反而还起到堵孔的作用，在一定程度上阻碍了挥发分的逸出。另一个重要的原因是，黏土矿物质中的高岭石在热解的过程中起着显著的影响作用，黏土矿物质晶体中的—OH 与氧原子排列成带电荷的层间域，并与有机层中大量存在的各种极性官能团通过氢键和偶极矩等作用相结合，构成矿物质-有机层复合体，从而使得煤中极性官能团的热稳定性增强，显著抑制挥发分的逸出[5]，而灰分脱除后，热解气和焦油的产率上升，半焦的产率下降。

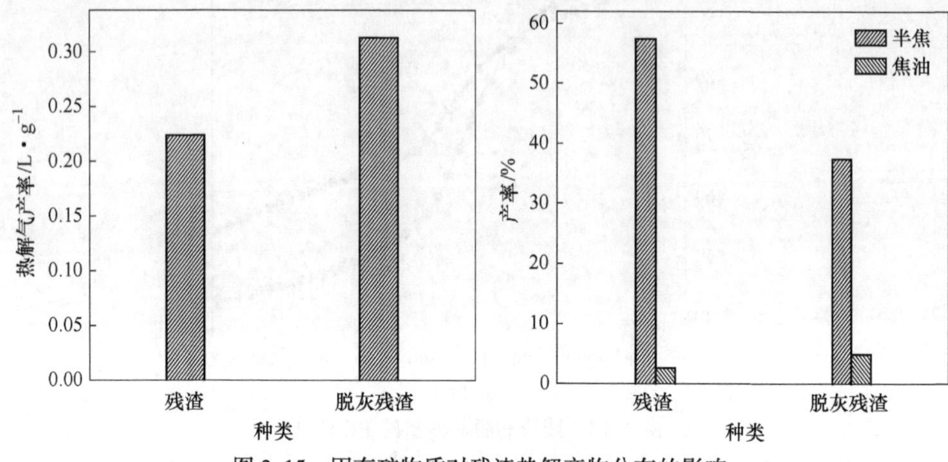

图 3.15　固有矿物质对残渣热解产物分布的影响

3.7.2　外加矿物质对残渣热解特性的影响

本节分别以碱金属盐、碱土金属盐、过渡金属盐为矿物质添加物，并采取浸渍负载法添加到残渣中，实验前先对残渣进行脱灰，以排除残渣中固有矿物质中金属元素的干扰，对碱金属 Na、K 采用 NaCl、KCl 进行负载，对碱土金属 Ca、Mg 采用 $CaCl_2$、$MgCl_2$ 进行负载，对过渡金属元素 Fe、Ni 采用 $FeCl_3$、$NiCl_2$ 进行负载，具体的负载方法如下。

本实验选取了三种类型的矿物质添加剂，即碱金属盐类矿物质，分别为 NaCl、KCl；碱土金属盐类矿物质，分别为 $MgCl_2$、$CaCl_2$；过渡金属盐类矿物质，分别为 $FeCl_3$、$NiCl_2$，实验采取浸渍法的方法进行负载，按照金属原子质量与残渣质量比为 1∶10 的比例进行各金属盐的称取，加入去离子水配成脱灰残渣和盐类的混合溶液，在室温下采用搅拌器搅拌 12h，在 80℃下干燥 48h 即得到负载不同金属盐的实验煤样。

在热解终温 800℃、20K/min 的升温速率、N_2 气氛下进行热解实验研究，分别考察负载各种金属盐后的残渣热解性能，研究外加矿物质对残渣热解特性的影响，得到如下实验结果。

3.7.2.1　碱金属盐对残渣热解特性的影响

A　碱金属盐对残渣热解过程的影响

图 3.16 和图 3.17 为负载碱金属盐的残渣在 N_2 气氛下、热解终温 900℃、

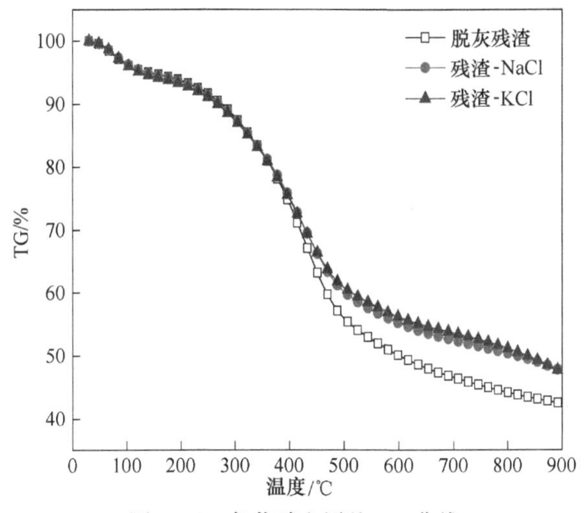

图 3.16 负载碱金属盐 DG 曲线

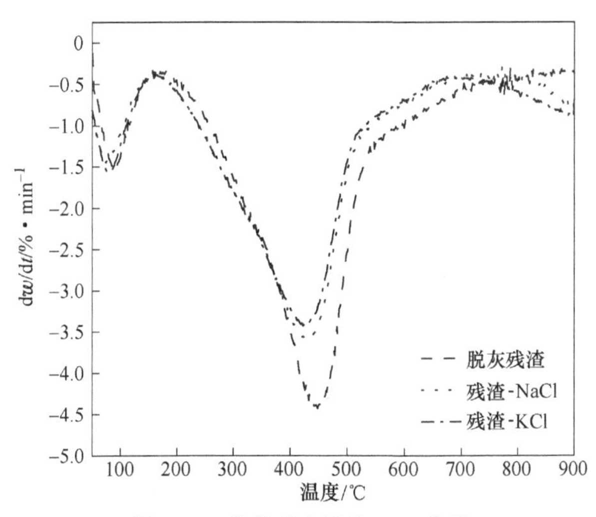

图 3.17 负载碱金属盐 DTG 曲线

20℃/min 升温速率下的 DG 和 DTG 图。由图可以看出，残渣-NaCl 和残渣-KCl 的失重曲线极其相似，都有三个失重峰，100℃附近的脱水脱气失重峰、440℃附近脱挥发分失重峰和 900℃附近的热缩聚失重峰，相对于脱灰残渣，残渣-NaCl 和残渣-KCl 在 160~730℃区间最大失重速率对应的温度 t_{max} 有所降低，t_{max} 代表腐黑物中以芳香环和稠环为核心的大分子结构稳定程度，其值越大表明分子结构越稳定，越难发生裂解，由此可以说明碱金属 Na、K 可以降低腐黑物中大分子结构的平均稳定程度，使热解向低温段移动，提高了热解反应活性，这是由于碱金属能交联在残渣中的含氧官能团（如羧基和羟基）上，产生的交联点降低了热解过程中键断裂所需要的能量，这些键在受热断裂释放出金属离子后，其他的含氧官能团再与金属离子进行交联结合，如此重复的过程使更多的脂肪族化合物和一些芳香族化合物受热分解，释放出更多的自由基，所以会使失重温度有所提前，而高温段的失重峰是这些残渣中的芳香环间的缩聚反应，并释放出挥发分，说明碱金属 Na、K 对残渣高温段的裂解也具有催化作用。由 DTG 曲线及表中数据也可以看出与脱灰残渣相比，残渣-NaCl 和残渣-KCl 的最大热解速率有所下降，这是由于负载的金属无机盐吸附在残渣表面上，给大分子挥发分的逸出带来困难，使挥发分的逸出缓慢，导致热解速率有所下降。由于金属盐只有少部分挥发，大多被固定在半焦表面或内部，从而最终失重量有所降低。

B 碱金属盐对残渣热解产物分布的影响

碱金属盐对残渣热解产物分布的影响如图 3.18 所示，由图可以看出，KCl 和 NaCl 都提升了残渣热解气及半焦的产量。对于热解气，残渣-KCl 的产率为 0.40L/g，相对脱灰残渣增多了 0.09L/g，残渣-NaCl 的产率为 0.37g/L，相对脱灰残渣增多了 0.06g/L，KCl 的提升效果更为明显；对于半焦，残渣-KCl 的产率为 61.80%，增高 24.36%，残渣-NaCl 的产率为 69.80%，增高 31.36%，NaCl 的提升效果更为明显。对于热解焦油，两种金属盐都起到了降低的作用，其中残渣-KCl 的产率为 1.96%，降低了 2.92%，残渣-NaCl 焦油的产率为 2.04%，降低了 2.44%，说明碱金属促进了焦油的裂解。综上所述，KCl 和 NaCl 都不同程度地提高残渣热解气及半焦的产率，都促进了焦油的裂解，不利于焦油的生成。

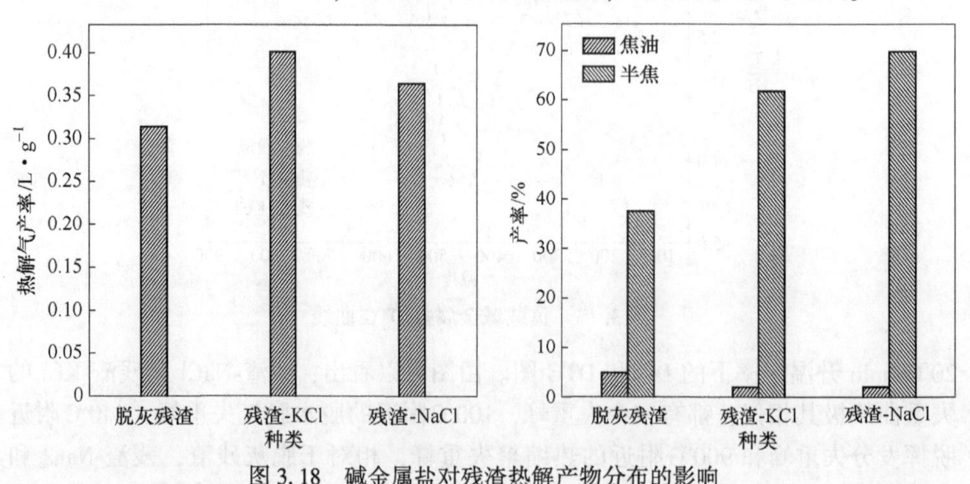

图 3.18 碱金属盐对残渣热解产物分布的影响

3.7.2.2 碱土金属盐对残渣热解特性的影响

A 碱土金属盐对残渣热解过程的影响

碱土金属对残渣热解过程的影响如图 3.19 和图 3.20 所示，$CaCl_2$、$MgCl_2$ 负载的残渣 DTG 曲线有较大的变化，其中在 400~500℃ 的热解失重峰处，两种残

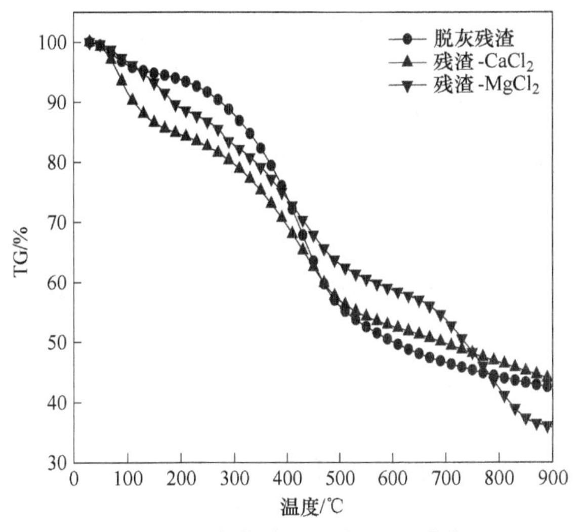

图 3.19 负载碱土金属盐 DG 曲线

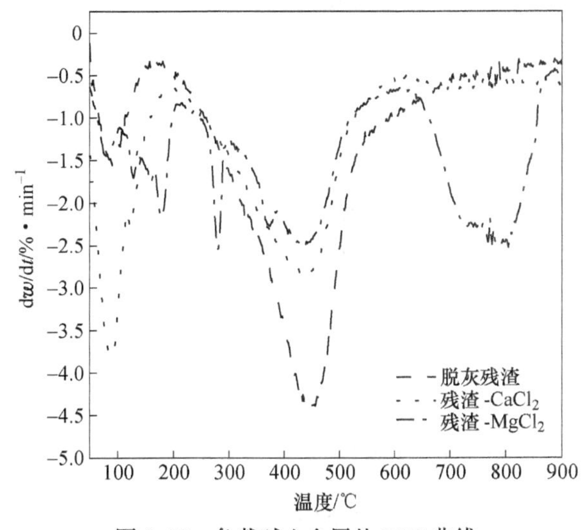

图 3.20 负载碱土金属盐 DTG 曲线

渣最大失重速率有所降低，残渣-Ca 和残渣-Mg 的最大失重峰对应的温度 t_{max} 分别是 441.04℃和 435.96℃，相对于脱灰残渣有所降低，但降幅不大，这同碱金属的影响机理是相似的，但不同的是 Ca 和 Mg 都是二价金属，以 Ca 为例，它会同时连接两个含氧基团（—COO—Ca—OOC—），而 Na、K 只连有一个，相对于 KCl、NaCl，Ca、Mg 负载的残渣在热解时键断裂所需要的能量更大，同时分子间的交联程度增大，紧密程度增加，导致 t_{max} 比 Na、K 有所提高。而负载 $MgCl_2$ 的残渣有多个失重峰，其中在 175℃、278℃和 376℃处各有一个小的失重峰，说明 $MgCl_2$ 可以促进低温段挥发分的逸出，对低温段的热解具有催化作用，残渣-

$MgCl_2$在高温段 790℃附近也有一个强而宽的失重峰，在此阶段有如此大的失重峰，说明 $MgCl_2$对该阶段起着极大的催化作用，推测不仅存在芳香环的缩聚反应，还有部分稳定含氧官能团的裂解[6]。

B　碱土金属盐对残渣热解产物分布的影响

碱土金属对残渣热解产物分布的影响如图 3.21 所示，由图可以看出，$CaCl_2$和 $MgCl_2$都提升了残渣热解气及半焦的产量。对于热解气，残渣-$CaCl_2$的产率为 0.34L/g，相对脱灰残渣增多了 0.03L/g，残渣-$MgCl_2$的产率为 0.37g/L，相对脱灰残渣增多了 0.06g/L，$MgCl_2$的提升效果更为明显；对于半焦，残渣-$CaCl_2$的产率为 61.08%，增高 23.64%，残渣-$MgCl_2$ 的产率为 50.36%，增高 12.92%，$CaCl_2$的提升效果更为明显。对于热解焦油，两种金属盐起到不同的作用，$CaCl_2$起着降低的作用，而 $MgCl_2$起着提升的作用，其中残渣-$CaCl_2$的产率为 3.68%，降低了 1.20%，残渣-$MgCl_2$ 焦油的产率为 8.56%，提高了 3.68%。综上所述，$CaCl_2$和 $MgCl_2$都不同程度地提高了残渣热解气及半焦的产率，$MgCl_2$对焦油的生成起着催化作用，而 $CaCl_2$对焦油的生成起着抑制作用。

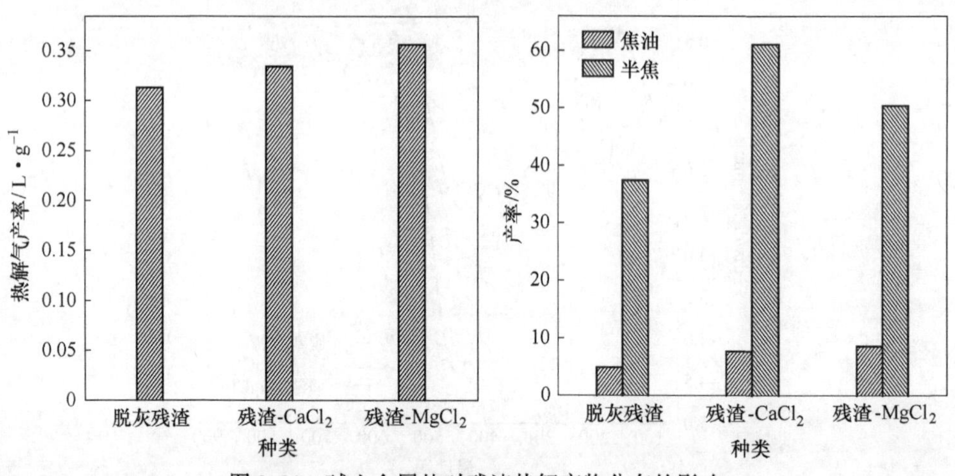

图 3.21　碱土金属盐对残渣热解产物分布的影响

3.7.2.3　过渡金属盐对残渣热解特性的影响

A　过渡金属盐对残渣热解过程的影响

过渡金属 $FeCl_3$、$NiCl_2$负载的残渣热重曲线如图 3.22 和图 3.23 所示，残渣-$FeCl_3$在 300~600℃区间有 3 个较为明显的失重峰，在 272.91℃出现了一个相对较小的失重峰，失重速率为 2.13%/min，在 437.55℃有一个失重速率为 2.8%/min 的失重峰，此失重峰处的温度相对脱灰残渣有所提前，说明 $FeCl_3$促进了残渣低温段的热解，失重速率有所降低的原因是附着在残渣上的金属盐有阻碍作用，使挥发分的逸出缓慢，在527.55℃有一个强失重峰，失重速率为4.8%/min，这是由于残渣中有较多的支链结构，在低温段这些不稳定支链基团受热逸出后，余下的未裂解物质结合程度紧密，具有较高的热稳定性，而$FeCl_3$的加入会降低这些物质的热稳定性，因此随着热解温度的不断增加，在高温处也有一个强失重峰。残渣-$NiCl_2$的峰数和脱灰残渣相同，不同的是残渣-$NiCl_2$的最大失重峰出现在428.46℃处，相比脱灰残渣有较大程度的降低，最大失重速率也有所提高，说明Ni能使腐黑物的热解向低温处移动，并且低温处的催化效果较好。

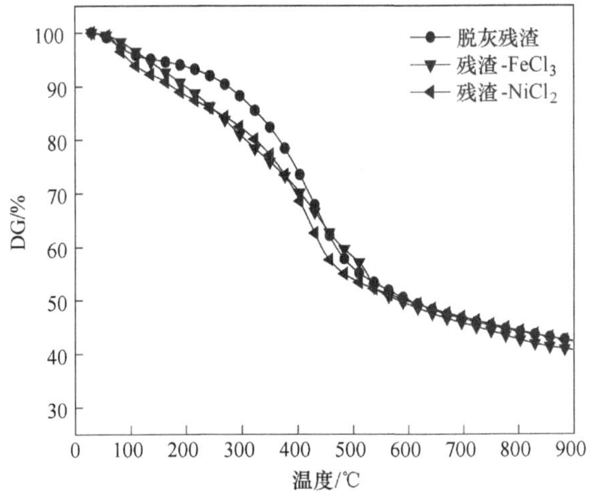

图3.22 负载过渡金属DG曲线

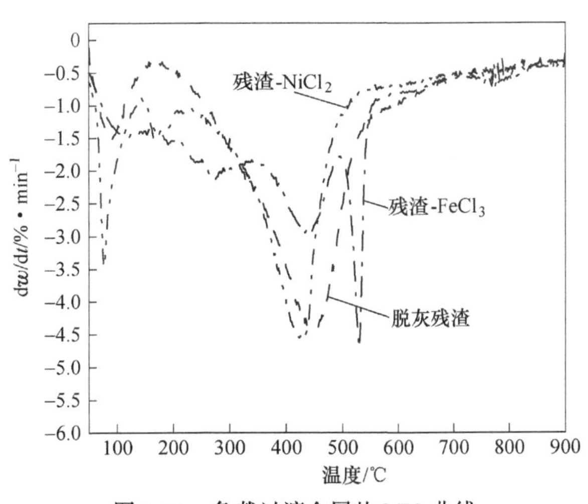

图3.23 负载过渡金属盐DTG曲线

B 过渡金属盐对残渣热解产物分布的影响

过渡金属盐对残渣热解产物分布影响如图3.24所示，可以看出，$FeCl_3$和

$NiCl_2$都提高了热解气的产量，其中，$NiCl_2$的效果更为显著，在本节的所有金属盐中，对热解气产量的提升最为明显，对焦油产量的$FeCl_3$和$NiCl_2$起着不同的作用，$FeCl_3$促进了焦油的产量，效果最为明显，约提升一倍，而$NiCl_2$降低了焦油的产量，对焦油的裂解起着催化作用，两种金属盐都提高了半焦的产量。

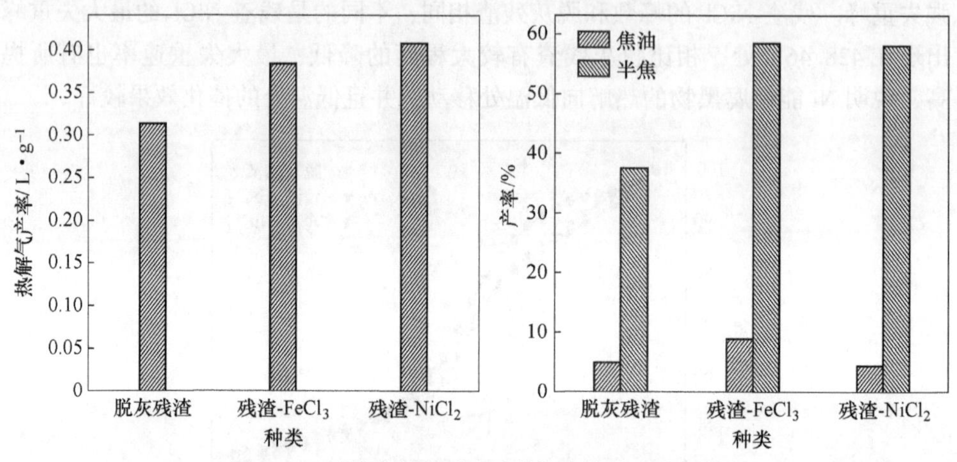

图 3.24　过渡金属盐对残渣热解产物分布的影响

3.8　催化热解动力学分析

采用热重分析仪，对残渣的催化热解动力学进行分析研究，由于热解反应的复杂性，其反应过程的模型也各种各样，本节利用脱挥发分动力学模型对残渣、脱灰残渣及添加不同矿物质的残渣进行热解动力学分析。

脱挥发分模型是假定裂解速率等于脱挥发分的速率[7]，对于任一反应，气体的析出速率与浓度的关系为：

$$\frac{\mathrm{d}x}{\mathrm{d}t} = A\mathrm{e}^{-E/(RT)}\ (1 - x)^n \tag{3.8}$$

$$x = \frac{W_0 - W}{W_0 - W_t}$$

式中　x——热解转化率，%；

W_0——热解开始时试样的质量；

W——热解任一时刻的质量；

W_t——热解终点时的质量；

t——热解时间，min；

A——指前因子，min^{-1}；

E——活化能，kJ/mol；

R——气体常数，8.314J/(mol·K)；

T——绝对温度，K；

n——反应级数。

由于实验是在非等温过程、恒定升温速率下进行的，温度 T 与时间 t 存在如下的线性关系：

$$T = T_0 + \beta t \tag{3.9}$$

式中 β——升温速率；

T_0——反应开始时的温度，通常较低，可忽略不计。

将式（3.9）代入式（3.8）整理得：

$$\frac{1}{(1-x)^n}\mathrm{d}x = \frac{A}{\beta}\mathrm{e}^{-E/(RT)}\mathrm{d}T \tag{3.10}$$

两边积分得：

$$\int_0^x \frac{1}{(1-x)^n}\mathrm{d}x = \int_{T_0}^T \frac{A}{\beta}\mathrm{e}^{-E/(RT)}\mathrm{d}T = \int_0^T \frac{A}{\beta}\mathrm{e}^{-E/(RT)}\mathrm{d}T \tag{3.11}$$

式（3.11）左端的积分结果：

$$\mathrm{F}_{(x)} = -\frac{(1-x)^{1-n}-1}{1-n} \quad (n \neq 1) \tag{3.12}$$

$$\mathrm{F}_{(x)} = -\ln(1-x) \quad (n = 1) \tag{3.13}$$

式（3.11）右端的积分结果：

$$\mathrm{F}_{(x)} = \frac{AE}{\beta R}\left(-\frac{e^y}{y} + \int_{-\infty}^{y}\frac{e^y}{y}\mathrm{d}y\right) = \frac{AE}{\beta R}\rho_{(y)} \tag{3.14}$$

其中

$$y = -\frac{E}{RT}$$

假设试样的热解是一级反应，联立式（3.13）、式（3.14）可得：

$$-\ln(1-x) = \frac{AE}{\beta R}\rho_{(y)} \tag{3.15}$$

关于 $\rho_{(y)}$，Doyle[8] 提出过一个近似的表达式：

$$\ln\rho_{(y)} = -5.384 - 1.062E/(RT) \tag{3.16}$$

式（3.15）两边同时取对数再联立式（3.12）可得：

$$\ln[-\ln(1-x)] = \ln\frac{AE}{\beta R} - 5.384 - 1.062E/(RT) \tag{3.17}$$

将式（3.17）左边对 $1/T$ 作图，可得一直线，其斜率为 $-1.062E/R$，截距为 $\ln\frac{AE}{\beta R}-5.384$，由此可求出活化能和指前因子；由于残渣的热解主要集中在300~600℃温度范围区间，因此本节只对该阶段做动力学研究分析，各样品的动力学拟合曲线如图3.25所示。

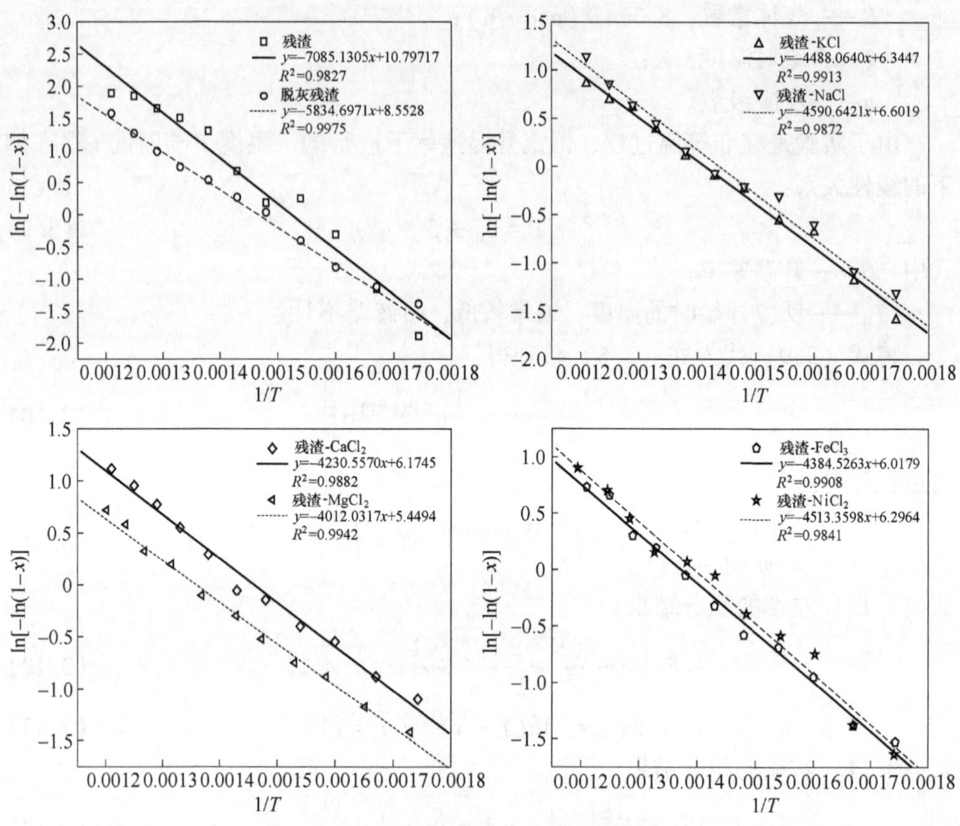

图 3.25　各样品的动力学拟合曲线

由图 3.25 可以看出，通过计算得到的各样品动力学曲线均有显著的线性关系，线性相关系数均大于 0.98，说明假设的动力学模型及反应级数为一级反应是合理的，根据所得曲线的斜率及截距，可计算出活化能及指前因子，所得的计算结果见表 3.5。

表 3.5　各样品的热解动力学参数

样　品	E/kJ · mol^{-1}	A/min^{-1}	R^2
残渣	55.47	3.19×10^4	0.9827
脱灰残渣	45.68	4.11×10^3	0.9975
残渣-KCl	35.14	5.87×10^2	0.9913
残渣-NaCl	35.31	7.56×10^2	0.9872
残渣-$CaCl_2$	33.12	5.25×10^2	0.9882
残渣-$MgCl_2$	31.41	2.65×10^2	0.9942
残渣-$FeCl_3$	34.32	4.33×10^2	0.9908
残渣-$NiCl_2$	35.33	5.56×10^2	0.9841

由表3.5可以看出，原残渣的热解表观活化能较高，将残渣中的固有矿物质脱除后，脱灰残渣热解的表观活化能有较大程度的下降，反应活化能的减少意味着反应难度的降低，由此可以说明残渣中的固有矿物质不利于残渣热解的进行。同时还可以看出，外加不同金属盐的残渣热解表观活化能相对于脱灰残渣都有着不同程度的降低，说明外加的金属盐都对残渣的热解起着催化作用，这可能是由于外加金属盐采用浸渍法对残渣进行负载时，使金属离子深入渗到残渣结构，形成C-O-O-M-等过渡态结构（M代表盐中的金属元素），使热解活化能降低，而根据负载不同金属盐的残渣热解表观活化能大小，可以粗略地推算出所添加的各金属盐的催化效果的大小顺序为：$MgCl_2 > CaCl_2 > FeCl_3 > KCl > NaCl > NiCl_2$。

参 考 文 献

[1] 王海龙，王平艳，钟世杰，等. 三种云南褐煤腐植酸提取对比研究 [J]. 煤炭转化，2016，39 (2)：69~74.

[2] Tian Bin, Qiao Yingyun, Tian Yuanyu, et al. Investigation on the effect of particle size and heating rate on pyrolysis characteristics of a bituminous coal by TG-FTIR [J]. Journal of Analytical & Applied Pyrolysis, 2016, 121: 376~386.

[3] 朱学栋，朱子彬，朱学余，等. 煤化程度和升温速率对热分解影响的研究 [J]. 煤炭转化，1999，22 (2)：43~46.

[4] 范冬梅，朱治平，吕清刚. 热质联用研究烟煤热解气体释放特性 [J]. 煤炭转化，2014，37 (1)：5~9.

[5] 李文，白进. 煤的灰化学 [M]. 北京：科学出版社，2013：232.

[6] Macphee J A, Charland J P, Giroux L. Application of TG-FTIR to the determination of organic oxygen and its speciation in the argonne premium coal samples [J]. Fuel Processing Technology, 2006, 87 (4): 335~341.

[7] 张妮，曾凡桂，降文萍. 中国典型动力煤种热解动力学分析 [J]. 太原理工大学学报，2005，36 (5)：549~552.

[8] Puente G D L, Marbán G, Fuente E, et al. Modelling of volatile product evolution in coal pyrolysis. The role of aerial oxidation [J]. Journal of Analytical & Applied Pyrolysis, 1998, 44 (2): 205~218.

4 昭通褐煤脱腐植酸残渣低温热解产物特性

4.1 分析表征方法

4.1.1 热解气分析方法

采用 Aglient 7820A 气相色谱仪分析热解气的主要成分及含量，所要检测的热解气组分主要为 H_2、CO、CH_4、CO_2、C_2H_4、C_2H_6，采用热导检测器（TCD），分离柱规格为 10ft×1/8×2.0mm、ss，填料为 60×80 的 Carboxen 1000，定量阀为 250μL。氦气作为载气，载气流量 15mL/min，升温程序为 35℃保持 5min，以 20℃/min 的升温速率升高到 200℃，再保持 22min。

4.1.2 焦油分析方法

煤焦油组分种类繁多，成分极为复杂，GC-MS 技术是利用气相色谱良好的分离性能对煤焦油成分进行分离，分离后的纯净物进入质谱仪中再进行成分分析。由于气象色谱气化室的温度上限，只能测出沸点低于 300℃的物质，沸点高于 300℃的物质未能检测出。本实验采用 Aglient 7890A、Aglient 5975C 气质联用仪分析焦油的主要组分及含量，分析条件：载气为氦气，载气流量 1mL/min，检测器和进样温度 280℃，柱温从 70℃开始，然后以 6℃/min 的升温速率升到 280℃，恒温 10min，溶剂（二氯甲烷）延时 6min，分流比 10：1，进样量 0.1μL。

4.2 残渣与褐煤的热解产物对比

4.2.1 热解气组分分析对比

各气体在热解气中的相对含量如图 4.1 所示，为了便于对比分析，实验对提取腐植酸的热解气气体组分也进行了分析，由图 4.1 可以看出残渣热解气中 H_2 的含量较大，高达 38.52%，而褐煤原料和腐植酸热解气中 H_2 含量分别为 30.15%、24.14%；残渣热解气中 CH_4的含量为 4.35%，低于褐煤热解气中 CH_4 的含量（6.06%），略高于腐植酸热解气中 CH_4的含量（4.19%）；残渣热解气中

CO 的量为 15.24%，相比褐煤原料及腐植酸分别降低了 6.36%、5.45%，CO_2的量为 10.47%，相比褐煤原料及腐植酸分别降低 4.17%、5.97%，三种样品热解气中 C_2H_4和 C_2H_6含量相对较少，都不足 1%，但还是能明显看出残渣热解气中 C_2H_4的含量最大，C_2H_6的含量变化不太明显。

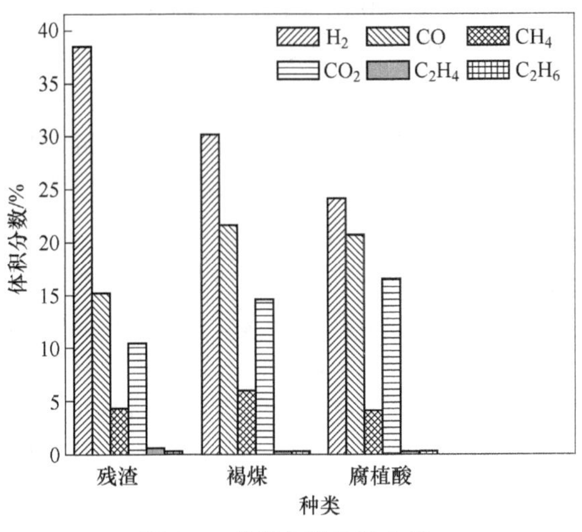

图 4.1 热解气组分及含量

综上所述，昭通褐煤脱除腐植酸后，残渣热解气中氢组分含量有较大程度提高，如 H_2、C_2H_4在热解气中含量相比褐煤原料都有所提高；热解气中氧组分含量降低，如 CO、CO_2。煤热解过程中 H_2主要来源于氢键的断裂，轻质烃类的环化、芳环化，煤分子结构的缩聚[1]以及小的芳香环结合成大的芳香环过程[2]，由于残渣中芳香环的相对含量增加，芳香环缩合生成半焦的概率增大，在生成半焦的同时释放出 H_2，因此热解气中 H_2含量增多；另一个主要原因是腐植酸含有大量的活性含氧官能团，如酚羟基、羧基、醌基、羰基等[3~5]，这些含氧官能团的化学键在受热后断裂，容易生成 CO、CO_2等含氧气体组分，这点从腐植酸热解气中较高的 CO 及 CO_2含量可以验证，而从褐煤中提取完这些腐植酸后，余下的残渣中，其含氧官能团必然有所减少，所以热解气中的氧含量气体减少，氢含量增大。

4.2.2 热解焦油组分分析对比

采用 GC-MS 测定热解得到的焦油，可以得到焦油的保留时间、化合物名称及对应的峰面积，利用面积归一法可以得到焦油组分的相对含量。由于残渣焦油组分的分子结构较为复杂，部分焦油分子匹配极为困难，个别物质也难以进行匹配，因此残渣焦油组分的鉴定误差较大，但大致结构相差不大，残渣及褐煤焦油的具体组分按照保留时间的先后顺序排列，见附录中附表 1、附表 2。

脱除腐植酸后，残渣焦油组分结构极其复杂，焦油中多环、杂环物质较多，所含支链、桥键较多，焦油组分平均相对分子质量偏高，杂环化合物含量较高，焦油检测出的多环芳香化合物占较大含量，化合物中含 O、N 的衍生物较多。焦油中脂肪烃含量占 20.30%，主要包括十六烷、十八烷、二十烷、十四烯等直链烷烃和烯烃，芳香烃含量占 15.90%，芳香烃衍生物占主要组分，约占 58.17%，主要由含 O、N 的衍生物组成，在芳香烃衍生物中，大分子多环结构及缩合环结构占主要组分，其中三环以上重质组分占了 38.20%。

褐煤焦油的相对分子质量平均偏低，芳香环上的支链链长较短，焦油中的烃类衍生物也是多以 N、O 衍生物为主，褐煤焦油中脂肪烃含量和残渣焦油大致相同，占 20.33%，褐煤焦油中脂肪烃衍生物占 28.10%，主要包括四甲基哌啶酮、2-乙基环己酮和醇类化合物，褐煤焦油中芳香烃占 27.98%，主要包括萘类化合物、联苯、芴、蒽及菲类化合物，其中蒽、菲类化合物属沥青组分，约占 13.78%，焦油中芳香烃衍生物占 10.65%，主要由苯酚类化合物组成。

综上所述，残渣和褐煤焦油中脂肪烃的含量差别不大，褐煤焦油中脂肪烃衍生物含量较高，残渣焦油中芳香烃含量低于褐煤焦油，但芳香烃衍生物含量远高于褐煤焦油；残渣及褐煤焦油中含 O、N 元素的衍生物含量较多，但残渣焦油中 O、N 多是以芳香烃衍生物的形式存在的，而褐煤焦油多是以脂肪烃衍生物的形式存在的；残渣焦油中分子结构复杂，含碳量高，分子质量大，焦油中沥青组分含量大，属重质焦油，而褐煤焦油中分子结构较简单，组分较轻。这是由于褐煤脱除腐植酸后，残渣芳香环的含量相对增大，使残渣的热稳定性增强，导致热解焦油分子结构庞大，芳香环夹带的支链增多。

4.2.3 热解半焦工业分析对比

残渣和褐煤半焦的工业分析及发热量见表 4.1，从表中可以看出，残渣半焦中的挥发分和固定碳含量较低，灰分含量较高，半焦的热值也有所降低，但也高于国家标准的低热值煤指标的下线值 8.50MJ/kg，具有一定的利用价值。

表 4.1 残渣和褐煤半焦的工业分析及发热量

样品名称	挥发分含量/%	灰分含量/%	固定碳含量/%	Q/MJ · kg^{-1}
残渣-半焦	2.56	67.69	29.75	11.03
褐煤-半焦	12.85	43.24	43.91	16.16

综上所述，残渣热解气和焦油的产率相对较低，半焦的产率较高，热解气中的主要组分（H_2、CO、CO_2）也都占据了60%以上，这与开远解化厂热解气组分接近，该厂以小龙潭褐煤为原料，原料气经过后续转化工段后，净化气组分 H_2 含量为 22%~23%、CO 含量为 38%~40%，所以残渣的热解产品经处理后是有一定的利用价值的，研究残渣的热解特性具有较大的意义。

4.3 不同热解温度下残渣热解的产物对比

在 N_2气氛、15K/min 的升温速率、恒温时间 10min、分别在 400℃、500℃、600℃、700℃、800℃对残渣进行热解，研究温度对残渣热解特性的影响，得到如下结果。

4.3.1 温度对残渣热解气组分的影响

图 4.2 所示为温度对气体组成的影响。

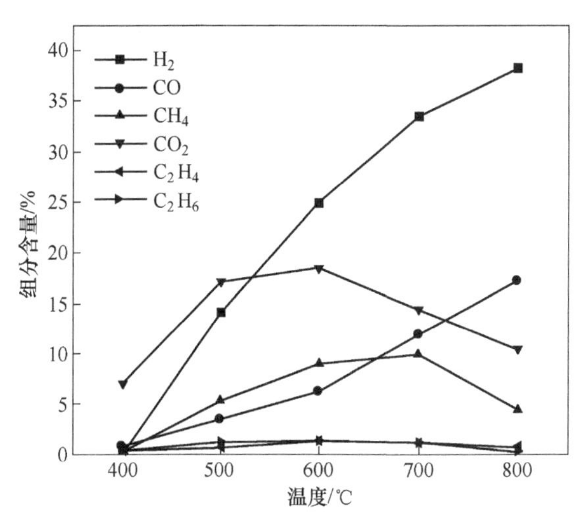

图 4.2 温度对热解气组分的影响

由图 4.2 可以看出，热解气的含量变化也随温度的变化产生一定的规律性，随着热解温度的升高，H_2和 CO 的含量是稳步上升的，并且 H_2含量随温度的变化极其显著，在 400℃时热解气中 H_2的含量仅为 0.09%，而在 800℃时 H_2含量已高达 38.52%；热解气中 CO 含量随温度的变化情况虽没有 H_2显著，但也是比较明显的，在 400℃时 CO 含量为 0.76%，而在 800℃时 CO 含量为 17.25%；CH_4、CO_2以及 C_2H_4、C_2H_6的含量随温度的变化趋势大致相同，都是先随温度的升高而升高，之后会呈现下降的趋势，在 600℃左右含量达到极大值，并且无论在什么温度下，热解气中的 CO_2含量总是高于 CH_4的含量。出现上述情况的原因是，H_2主要来源于残渣中的—H、—CH_2—的断裂，随着温度的升高，这些键在受热断裂后形成大量的活泼自由基，自由基又结合其他活泼基团而形成 H_2；另外，在高温的作用下，残渣中的脂肪链烷烃类环化或异构化而释放出 H_2；再者，随着温度的升高，焦油的二次裂解以及半焦的缩聚反应都产生大量的 H_2[6]，从而表现为H_2的含量一直随着温度的升高而升高。CO_2的含量在600℃左右出现极大值，CO_2主要来源于残渣内羧基官能团的分解，羧基官能团在温度高于250℃即能分解产生CO_2，由于其在较低的温度就能完全分解[7]，因此温度越高，残渣中剩余的羧基含量就越少，热解产生的CO_2也会越少，并且在高温下，CO_2会与热半焦发生反应生成CO，这就进一步减少了CO_2的量。CO的含量随温度的变化趋势和H_2基本相同，都是随着温度的升高而升高，CO主要来源于羰基、醚基和含氧杂环的分解，这些基团较稳定，反应活性低于羧基，在高温下才能较好的分解，并且温度越高这些基团分解得越剧烈，所以高温提高了热解气中CO的含量，CO_2和高温半焦的反应也会使CO的量增多。CH_4的含量在650℃左右会出现极大值，CH_4是残渣和焦油中烷基侧链断裂生成的，随着温度的升高，残渣的热解程度加深，同时也会伴随着焦油的二次裂解，使CH_4的含量增多，部分半焦气化也会增加CH_4的含量，但当温度再升高时，只有少量的不活泼链烃和芳香烃侧链断裂及少量半焦加氢生成CH_4[8]，又会导致CH_4含量降低。C_2H_4和C_2H_6主要来源于残渣中亚甲基的裂解再聚合，在600℃左右有极大值，此两种物质在热解气中的含量较少，变化趋势也大致相同。

4.3.2 温度对残渣焦油组成的影响

焦油是一种极其复杂的混合物，通常被定义为产品气中除了气相碳氢化合物（$C_1 \sim C_6$）和苯之外的所有有机化合物，由于焦油组分的高度复杂性，本节按照焦油组分中芳环数及焦油的相对分子质量分布随操作条件的变化来研究操作条件对焦油组分的影响。一般来说，焦油的芳环数越多，焦油的凝结性越强，组分越重，容易给实际生产中下游的操作带来堵塞；焦油的相对分子质量越大，焦油含碳量越高，杂原子数越高，结构越复杂，从焦油芳香化合物的环数以及焦油相对分子质量分布来研究，是为了更为全面的研究操作条件对焦油组分的影响。各温度下的焦油的具体组分见附录中附表3。可以看出温度越高，焦油中可检测出的组分越多，焦油中脂肪烃，如十六烷、二十烷、1-十四烯等直链烷烃和烯烃的相对含量随着温度的升高而增大，在400℃时，焦油中脂肪烃含量仅占5.03%，当温度升到800℃时，焦油中脂肪烃含量高达20.03%。

4.3.2.1 温度对残渣焦油组分芳环数的影响

按照残渣焦油组分结构中芳香环的数目将组分分为单环、二环、三环、四环以及五环芳香化合物，对每种环数下的物质进行累积计算，可得到不同环数下物质的相对含量。温度对残渣焦油组分芳环数的影响如图4.3所示，由图可以看出温度对焦油中单环芳香族化合物的影响不太具有明显的规律，二环物质的相对含量随着温度的升高而具有明显的降低趋势，但三环、四环以及五环物质的相对含量随着温度的升高而升高。

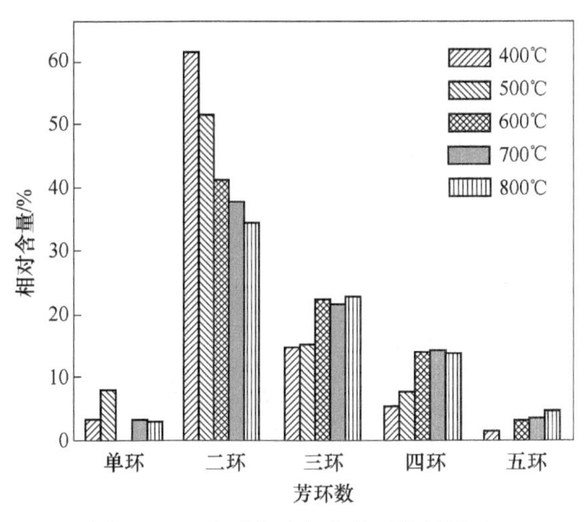

图 4.3 温度对焦油组分芳环数的影响

4.3.2.2 温度对残渣焦油组分相对分子质量分布的影响

将残渣焦油组分的相对分子质量以 50 为间隔进行累积计算，可得到焦油的相对分子质量分布，参考附录中附表 3 中的焦油组分可知，相对分子质量在 100 ~150 区间的组分多是酚类和萘类化合物，苯环上的侧链较少，如对甲基酚、萘、1-甲基萘、2-甲基萘等；150~200 区间的组分多是芳香环侧链较多的单环芳香化合物、萘类化合物和短链脂肪烃类，如乙基-苯二甲酸、2，6-二甲基萘、1-十四烯等；200~250 区间的组分多是支链较少的三环、四环芳香化合物，如 1-苯基萘、菲甲酸、11H-苯并芘；250~300 多是长链烷烃，支链和桥键较多的二环芳香化合物、五环芳烃，如二十烷、乙基-间苯二甲酸、6-乙酰基-1,1,2,4,4,7-六甲基四氢化萘等；300~350 多是长链烷烃，支链和桥键较多的三环芳香化合物，且支链和桥键中含氧官能团较多，如 6,6-二乙基十八烷、4,5,6,7-四甲氧基黄酮；350 以上多是支链和桥键较多的四环芳香化合物，如 N-(7-苯甲酰基-2,3-二氢苯并[1,4]二恶烷-6-基)-4-甲氧基苯甲酰胺。温度对焦油组分相对分子质量分布的影响如图 4.4 所示，从图中可以看到较为明显的现象是，在 400℃时，焦油组分的相对分子质量主要分布在 250~300 区间，占据了 60%以上，随着温度的升高，在 500℃、600℃、700℃焦油组分的分布大致类似，都是 300~350 区间的组分占据多数，在 800℃时 250~300 区间的组分占据多数；对于 300~350 及 350 以上的组分，从图 4.4 可以看出，自 500℃开始，随着温度的升高此两个区间的组分相对含量逐渐下降，而 200～250 区间的组分含量却逐渐上升，此两个区间组分共同的特点是，组分结构中芳香环与芳香环之间并不是直接相连，而是通过一些桥键连接在一起，且芳香环侧链上连有较多的支链结构，甲氧键是其中的主要支链，随着温度的升高，甲氧键断裂脱离芳香环，导致焦油组分向 200～250 区间的组分转化，支链和桥键较多的三环、四环芳香化合物生成了支链和桥键较少的三环、四环化合物，焦油组分向低相对分子质量转化。

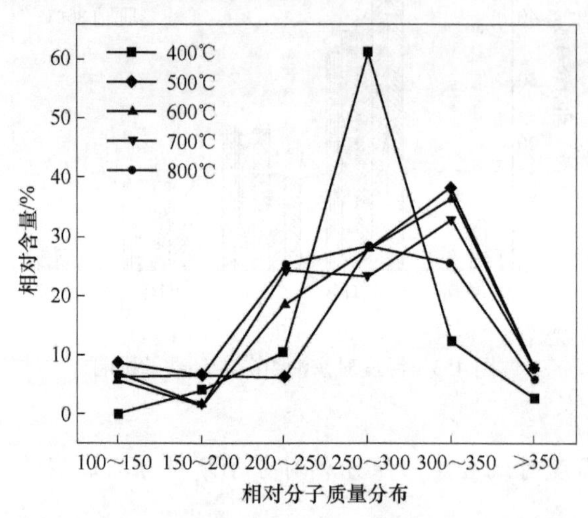

图 4.4　温度对焦油组分相对分子质量分布的影响

综上所述，大体可以看出，随着热解温度的升高，焦油中多环芳香族化合物的含量逐渐增多，二环芳香族物质的含量逐渐减少，焦油中的链状烷烃、烯烃的含量增大，焦油组分会向低分子量转化。这是由于在高温下，残渣热解产生的—CH_3、—CH_2—等自由基增多，同时观察附录中附表 3 可以看出芳香环侧链的甲氧基较多，这些基团在高温下也会断裂生成甲基自由基，甲基自由基之间又会相互聚合，导致焦油中烷烃和烯烃的含量有所增大，同时断裂侧链后生成的芳香自由基之间也较大可能会发生相互缩聚等二次反应促进环数增加，性质更稳定的多环芳香物质的生成。

4.3.3　温度对半焦的影响

温度对半焦工业分析的影响见表 4.2，由表 4.2 可以看出，温度对半焦工业分析的影响呈现出规律性变化，温度越高，半焦中的挥发分含量越低，固定碳的含量越高，在 800℃ 时半焦中挥发分的含量仅为 5.58%，而固定碳含量达到 29.75%，这是由于高温下残渣的裂解较为充分，增加了挥发分的逸出量，导致半焦中残余的挥发分含量减少，同时在高温下逸出的挥发分容易断裂，化学键形成活泼自由基，其中的一些大分子自由基之间容易发生再沉积和再聚合反应，产生的一些二次产物附着在半焦表面，造成了固定碳含量的增多。

表 4.2 不同热解温度下半焦的工业分析

温度/℃	挥发分含量/%	灰分含量/%	固定碳含量/%
400	18.11	56.88	25.01
500	12.82	58.94	28.24
600	8.36	62.94	28.70
700	5.91	65.59	28.50
800	5.58	64.67	29.75

4.4 不同升温速率下残渣热解的产物对比

在 N_2气氛，热解终温 600℃，恒温时间 10min，分别在 15K/min、20K/min、25K/min、30K/min、35K/min 的升温速率下对残渣进行热解，研究升温速率对残渣热解特性的影响，得到如下结果。

4.4.1 升温速率对气体组成的影响

升温速率对气体组成的影响如图 4.5 所示，由图可以看出升温速率对热解气含量的变化不太明显，但还是可以看出热解气各组分在升温速率较低时具有较大的含量，随着升温速率的升高，热解气各组分有所降低。这是由于低升温速率残渣受到的热冲击小，残渣在每个温度点停留的时间更长，达到热解终温所需的时

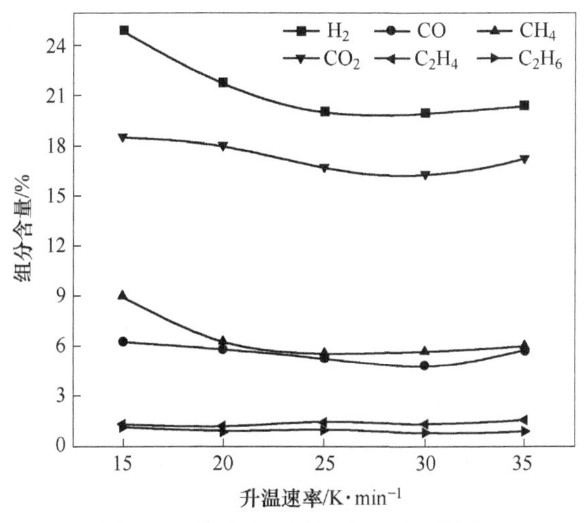

图 4.5 升温速率对气体组成的影响

间也较长，总的热解时间相比快升温速率下延长，残渣的氢键、羰基、羧基、含氧杂环等小分子基团得到较为彻底的裂解，导致低升温速率下各气体组分的含量较高。

4.4.2 升温速率对焦油组成的影响

各升温速率下检测到的焦油具体组分见附录中附表4，可以看出升温速率越低，焦油中可检测出的组分越多，在较低的升温速率下，残渣焦油中饱和烷烃及烯烃的种类及含量会增多，如十六烷、十八烷、二十烷等只出现在15K/min的升温速率下，随着升温速率的升高，这些物质的含量逐渐降低。

4.4.2.1 升温速率对焦油芳环数的影响

升温速率对焦油组分芳环数的影响如图4.6所示，由图4.6可以看出在600℃的热解终温下，各升温速率下都未检测到单环芳香化合物的存在，焦油中的二环芳香化合物的相对含量也大体随着升温速率的升高而呈现降低趋势，但三环、四环芳香化合物却有所不同，随着升温速率的增大，三环及四环芳香化合物的相对含量逐渐增多。

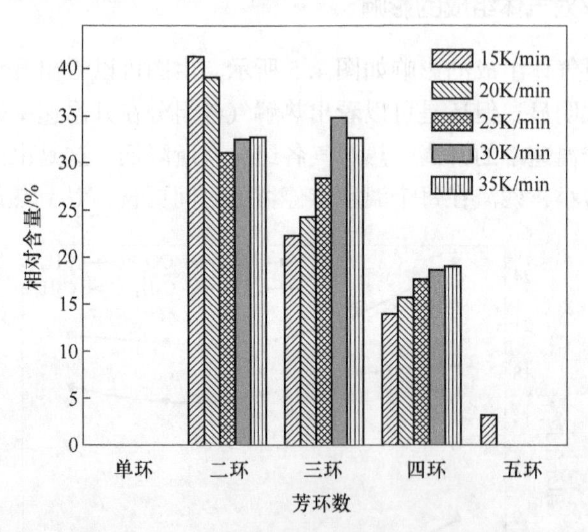

图4.6 升温速率对焦油组分芳环数的影响

4.4.2.2 升温速率对焦油相对分子质量分布的影响

升温速率对焦油相对分子质量的分布如图4.7所示，在15K/min的升温速率时，焦油中的组分主要分布在相对分子质量在250~300及300~350区间范围内，多是支链和桥键较多的二环、三环芳香化合物，从20K/min的升温速率开始，随着升温速率的增加，焦油组分的相对分子质量分布大致相同，都是200~250及300~350区间的组分含量较多；对于100~150区间的组分，该区间多是酚类和萘类化合物，苯环上的侧链较少，在15K/min、20K/min以及25K/min的升温速率下都有较高的含量，但在30K/min和35K/min的升温速率下并未检测到此区间组分的存在；对于相对分子质量在200~250区间，此区间多是三环芳香族化合物，支链较少，可以看到随着升温速率增加，其含量也是逐渐上升的；在15K/min的升温速率时，相对分子质量在250~300及300~350区间的组分要远高于其他升温速率下的组分，而后会随着升温速率的升高出现先下降后上升的趋势，对比附录中附表4中此区间的化合物，可以看出此区间多是长链烷烃以及所含支链、桥键较多的芳香族化合物，随着升温速率的增高，焦油组分中直链烷烃减少，会呈现出含量先下降的趋势，在25K/min的升温速率下含量最低，而后随着升温速率的增大，焦油中的多支链芳香族化合物增多，同时相对分子质量在350以上区间的多支链四环芳香化合物含量也会随着升温速率升高而稳步上升，说明升温速率越高，焦油组分结构中的支链越多，相对分子质量越大，这是由于低升温速率下，残渣受到的热冲击较小，挥发分的逸出速度缓慢，可使残渣热解过程中自由基的生成速率与自由基加氢反应速率相匹配，减少了大分子自由基之间的聚合概率，随着升温速率的增大，残渣在热解时受到的热冲击较大，残渣中的挥发分以较快的速度逸出，挥发分中的活泼自由基的生成速率远高于自由基的加氢速率，大分子活泼自由基只有相互结合才能稳定下来，导致焦油中可检测的组分种类减少，组分相对分子质量较大，支链较多。

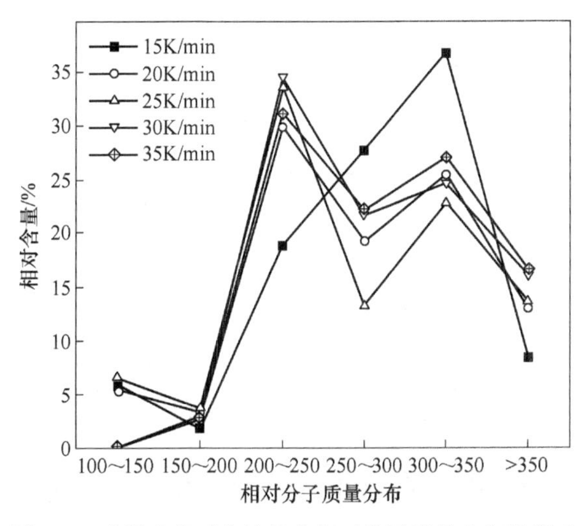

图4.7 升温速率对焦油组分相对分子质量分布的影响

综上所述，随着升温速率的增大，焦油中可检测出的化合物有所减少，烷烃烯烃类物质含量有所降低，焦油中的芳香化合物会出现增环现象，焦油组分的相对分子质量会增大。这是由于在低升温速率下，残渣停留在低温段的热解时间延长，使低温段的轻质焦油组分逸出量增大，热解时间的延长也使热解较为充分，增加了焦油二次裂解的概率，导致直链烃类物质增多，随着升温速率的增大，残渣在高温段停留的时间较长，而高温有利用环的增长，因此二环化合物有所减少，三环、四环化合物有所增多，同时高的升温速率也使残渣热解受到的热冲击增大，自由基的生成速率要远高于自由基的加氢速率，活泼自由基只有相互结合才能稳定下来，导致焦油组分平均相对分子质量增大。

4.4.3 升温速率对半焦的影响

升温速率对半焦工业分析的影响见表 4.3，可以看出，半焦中的挥发分随升温速率的升高而升高，固定碳含量随升温速率的升高而逐渐下降，当升温速率从 15K/min 上升到 35K/min 时，半焦中的挥发分含量由 8.36%上升到 10.25%，固定碳含量由 28.70%下降到 28.21%。这是由于升温速率越高，达到热解终温所需的时间也越短，总的热解时间相比慢升温速率下减少，残渣的热解较不充分，导致半焦中挥发分含量较高，同时高升温速率下挥发分逸出速度快，热解产生的自由基以较快的速度被带出热解炉，减少了自由基缩合并沉积在半焦上的概率，使半焦中的固定碳含量减少，相比之下，低升温速率下残渣的热解时间较长，热解较为充分，热解产生的半焦中挥发分含量较少，挥发分逸出速度慢，自由基之间相互缩合并沉积在半焦上的概率增大，导致固定碳的含量也相应增加。

表 4.3 不同升温速率下半焦的工业分析

升温速率/K·min^{-1}	挥发分含量/%	灰分含量/%	固定碳含量/%
15	8.36	62.94	28.70
20	8.74	62.33	28.93
25	9.49	62.11	28.40
30	10.04	62.40	27.56
35	10.25	61.54	28.21

4.5 不同热解气氛下残渣热解的产物对比

在 30K/min 的升温速率、热解终温 600℃，并在终温处恒温 10min 的条件下进行热解实验，分别考察 CO_2、N_2、水蒸气气氛下的热解性能，研究热解气氛对残渣热解特性的影响，得到如下结果。

4.5.1 热解气氛对气体组成的影响

热解气氛对气体组成的影响见表 4.4，热解气中 H_2的含量在水蒸气、N_2和CO_2氛围中依次递减，由于在水蒸气氛围中反应（4.1）是发生的最主要的热解反应，反应（4.2）、反应（4.3）等反应也会促进 H_2的产生，因此水蒸气氛围下得到的 H_2组分含量最多；CO 组分的含量在 CO_2、H_2O、N_2中递减，由于 CO_2氛围中发生了大量的反应（4.4），产生的 CO 含量最多；相比较 N_2氛围中，水蒸气的反应（4.1）也增加了 CO 的含量，因而 CO_2气氛及水蒸气气氛都会不同程度的提高 CO 的含量；CH_4组分的含量在水蒸气氛围中最小，这是由于发生了甲烷化的逆反应（4.3）导致的，C_2H_6和甲烷相同，在水蒸气的气氛下含量较低；C_2H_4在 N_2气氛下含量较多，在 H_2O 和 CO_2气氛下都有不同程度的下降；CO_2组分含量在 N_2和 H_2O 中依次递减。

$$C + H_2O \longrightarrow H_2 + CO \tag{4.1}$$

$$CO + H_2O \longrightarrow H_2 + CO_2 \tag{4.2}$$

$$CH_4 + H_2O \longrightarrow 3H_2 + CO \tag{4.3}$$

$$C + CO_2 \longrightarrow 2CO \tag{4.4}$$

表 4.4 热解气氛对热解气组成的影响

热解气氛	热解气组成和含量 /%					
	H_2	CO	CH_4	CO_2	C_2H_4	C_2H_6
CO_2	17.12	19.14	6.1		1.26	1.01
N_2	19.89	4.79	5.65	16.23	1.32	0.81
H_2O	22.04	5.49	4.83	15.2	1.01	0.51

4.5.2 热解气氛对焦油组成的影响

各热解气氛下焦油的具体组分见附录中附表 5。

4.5.2.1 热解气氛对焦油芳环数的影响

热解气氛对焦油芳环数的影响如图 4.8 所示，可以看出，在水蒸气气氛下，焦油组分中三环和四环芳香化合物的含量是最低的，而单环和二环芳香物质的含量较高；在二氧化碳气氛下，焦油中的二环化合物的含量最高，三环和四环化合物的含量排序大致相同（水蒸气<二氧化碳<氮气）。

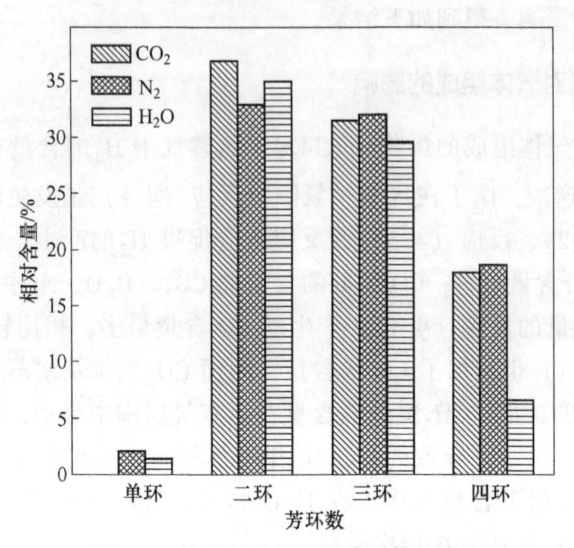

图 4.8　热解气氛对焦油芳环数的影响

综上所述，较为明显的现象是，水蒸气气氛下焦油会向低环数组分进行转化，二氧化碳对焦油组分的作用与水蒸气类似，但不如水蒸气的效果显著。出现这种现象的原因是，在水蒸气气氛下焦油向低环数化合物转化的原因可能有两个方面：一是在残渣水蒸气气氛下会生成较多 H_2，水蒸气在高温下会裂解生成 ·H，残渣裂解的焦油前驱体容易与 ·H 或 H_2 直接结合生成单环或二环化合物，减少了焦油前驱体之间相互聚合的概率，二是一些三环或四环的化合物也会与水蒸气之间发生重整反应生成低环数化合物。

4.5.2.2　热解气氛对焦油相对分子质量分布的影响

热解气氛对焦油相对分子质量分布的影响如图 4.9 所示，由图可以看出，在水蒸气及 N_2 气氛下，焦油组分的相对分子质量分布类似，相对分子质量在 200~250 区间的少支链三环、四环芳香物质含量最多，300~350 区间的长链烷烃、多支链三环芳香物质含量次之，但在二氧化碳气氛下却有所不同，在二氧化碳气氛下，相对分子质量在 300~350 区间的组分含量最多，200~250 区间的组分次之。在二氧化碳气氛下的热解焦油中并没有检测到相对分子质量在 200 以下的单环酚类及二环萘类化合物，对于相对分子质量在 200~250 区间的组分，此区间多是三环、四环芳香化合物，芳环侧链较少且侧链长度短，该区间的焦油组分在水蒸气气氛下含量最大，相对于氮气气氛提高 2.99%，二氧化碳气氛下该区间的组分含量最低；对于相对分子质量在 250~300 的多支链二环芳香化合物，各热解气氛相对于氮气都有明显的提升效果，水蒸气的效果最为显著，含量增加了 11.92%，二氧化碳气氛次之，约增加 9.24%；对于相对分子质量在 300~350 以及 350 以上的组分含量，可以看到水蒸气对这两个区间的组分含量具有明显的降低作用，分别降低 9.16%和 9.5%，而二氧化碳都不同程度地提高这两个区间的组分含量。

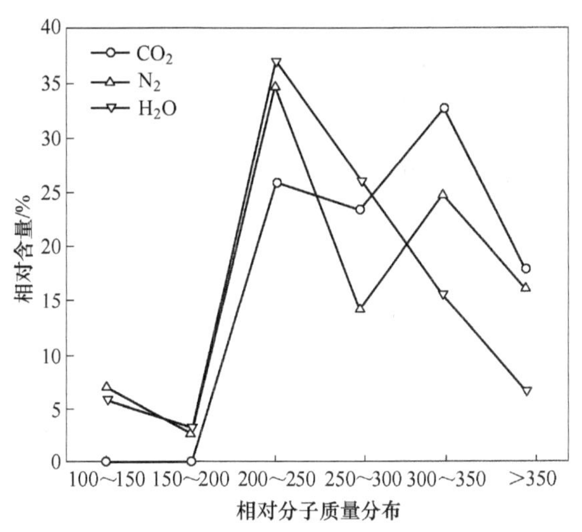

图 4.9 热解气氛对焦油相对分子质量分布的影响

综上所述，在三种热解气氛下，二氧化碳气氛下的焦油平均相对分子质量最大，相对分子质量在 300 以上的组分含量最多，在 250 以下的组分含量最低；水蒸气气氛下焦油相对分子质量较小，300 以上的组分含量明显降低，200~300 区间的组分含量明显升高，而参照附录中附表 5 可知焦油中 300 以上的组分多是芳香环较多的侧链基团引起的，而水蒸气对焦油芳香环的侧链基团具有剧烈的重整反应：焦油+$H_2O \rightarrow H_2+CO+CH_4+CO_2+C_nH_m$[9]，从而促进焦油向低相对分子质量转化。

4.5.3 热解气氛对半焦的影响

各热解气氛下半焦的工业分析见表 4.5，水蒸气气氛下得到的半焦中挥发分含量最小，固定碳相比氮气气氛下略有降低，灰分略有增高，二氧化碳气氛下得到的热解半焦中挥发分的含量都低于氮气气氛下的热解。

表 4.5 不同热解气氛下半焦的工业分析

热解气氛	挥发分含量/%	灰分含量/%	固定碳含量/%
CO_2	9.39	62.14	28.47
N_2	10.04	62.40	27.56
H_2O	8.28	64.26	27.46

4.6　不同恒温时间下残渣热解的产物对比

在热解终温 600℃、30K/min 的升温速率、N_2气氛下，分别考察在终温处恒温 10min、20min、30min、40min、50min 的热解性能，研究恒温时间对残渣热解特性的影响，得到如下实验结果。

4.6.1　恒温时间对热解气组分的影响

恒温时间对热解气组分的影响如图 4.10 所示。

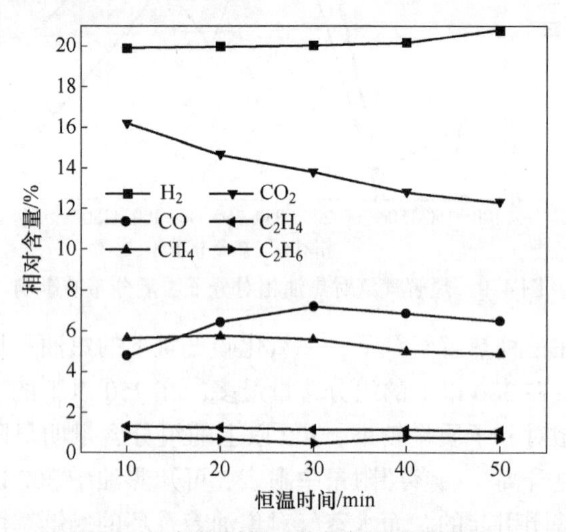

图 4.10　恒温时间对热解气组成的影响

由图 4.10 可以看出随着恒温时间的延长，热解气中 H_2组分的相对含量有所上升，但上升幅度较小，恒温时间由 10min 延长至 50min，热解气中 H_2的相对含量仅从 19.90%上升到 20.78%，这是由于随着恒温时间的延长，焦油中的—H、—CH_2等热稳定性较差的基团会在较短的时间内逸出，随着恒温时间的继续延长，这些基团在残渣中的残余量也越来越少，对 H_2含量的增长作用也越来越小，此阶段 H_2含量的增长主要是半焦中芳香环之间的缩聚反应以及焦油的二次反应造成的；CO_2的含量随着恒温时间的延长而逐渐下降，这是由于 CO_2主要源于残渣中羧基官能团的分解，该基团较不稳定，在较短的时间内能完全分解，随着恒温时间的延长，残渣中羧基的分解机会不再存在，CO_2的含量越来越低；CH_4的含量随着恒温时间的延长略有升高，随着恒温时间由 10min 延长至 50min，其含量由 5.65%上升至 5.87%，CH_4主要来源于残渣和焦油中烷基侧链的断裂，这些化学键随着恒温时间的延长也会在不断地断裂；CO 在恒温时间由 10min 延长至 30min 的过程中，其含量是逐渐上升的，随后再随恒温时间的延长基本呈稳定趋势，CO主要来源于羰基、醚基和含氧杂环的分解，这些基团的稳定性相对较强，随着恒温时间的延长在不断地受热分解，30min内基本热解完全；C_2H_4的含量随着恒温时间的延长略有降低，随着恒温时间由10min延长至50min，其含量由1.32%下降至1.08%；C_2H_6的含量随着恒温时间的延长无明显的变化规律。

4.6.2 恒温时间对焦油组分的影响

在600℃、30K/min的升温速率、N_2气氛、各恒温时间下的焦油组分见附录中附表6，在恒温10min时，热解焦油可检测出的组分有13种物质，在恒温20min时，检测出的组分有8种，恒温30min时检测出的组分有7种，恒温40min时检测出的组分有7种，恒温50min时检测出的组分有6种，大体可以看出，随着恒温时间的延长，焦油中可检测出的组分种类逐渐降低。

4.6.2.1 恒温时间对焦油芳环数的影响

恒温时间对焦油芳环数的影响如图4.11所示，恒温时间对焦油芳环数的影响并没有明显的规律，在600℃、30K/min的升温速率、N_2气氛下，各恒温时间下的热解都没有检测到单环和五环芳香化合物的存在，脂肪烃和二环芳香化合物随着恒温时间的延长，都呈现出不同的变化，三环芳香化合物的含量随着恒温时间的延长会出现先增高后降低的趋势，在恒温30min时含量最高，四环芳香化合物随着恒温时间的延长呈现先降低后升高的趋势，在恒温20min时达到最低。

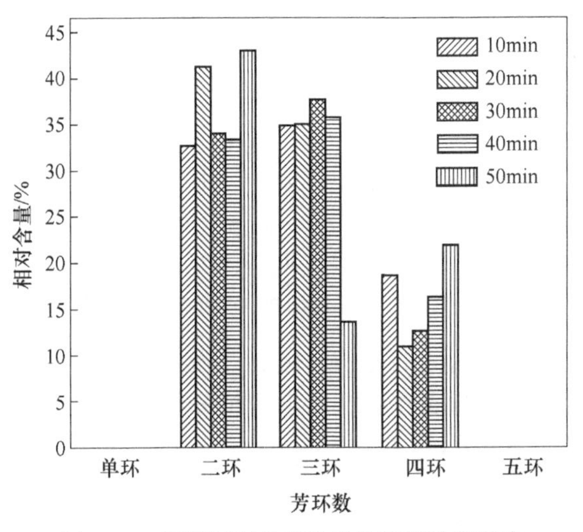

图4.11 恒温时间对焦油组分芳环数的影响

4.6.2.2　恒温时间对焦油相对分子质量分布的影响

恒温时间对焦油组分相对分子质量分布的影响如图 4.12 所示，由图 4.12 可以看出，随着恒温时间的延长，焦油组分的相对分子质量分布大致相同，相对分子质量在 300~350 区间和 200~250 区间的组分含量较多。对于相对分子质量在 200~250 的组分，随着恒温时间的增加其含量逐渐降低，在恒温时间为 10min 时，相对分子质量在 200~250 区间的组分含量占焦油总组分的 34.76%，当恒温时间上升至 50min 时，此区间组分的含量仅占 1.94%，下降幅度较大；相对分子质量在 250~300 区间组分的含量也大体随着恒温时间的延长而呈下降趋势，在恒温时间为 10min 时，其组分含量占 21.67%，当恒温时间上升至 50min 时，其组分含量下降至 20.03%，与此不同的是，相对分子质量在 300~350 区间组分的含量随着恒温时间的延长而呈现递增趋势，相对分子质量在 350 以上组分的含量也大体随着恒温时间的增加而增大，在恒温时间为 10min 时，相对分子质量 300~350 区间以及 350 以上的组分含量分别为 24.83%、16.07%，当恒温时间延长至 50min，两个区间组分的含量分别上升至 56.24%和 21.95%，上升幅度较大。

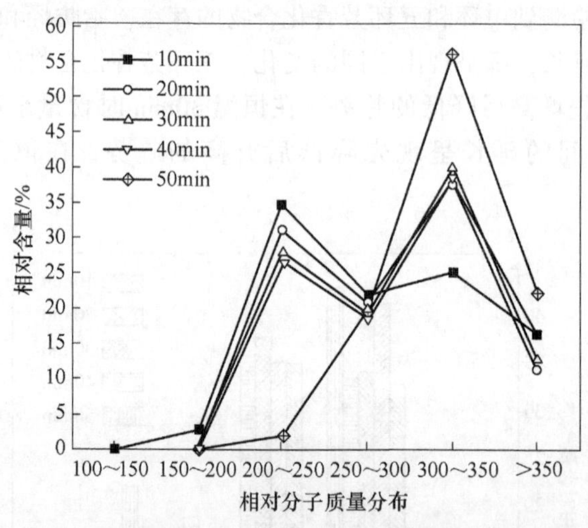

图 4.12　恒温时间对焦油相对分子质量分布的影响

综上所述，随着恒温时间的延长，焦油组分会向相对分子质量较大的方向转化，使焦油中的相对分子质量在 300 以上的组分含量增多，300 以下的较低相对分子质量组分的含量减少。

4.6.3　恒温时间对半焦的影响

不同恒温时间下半焦的工业分析见表 4.6，随着恒温时间由 10min 延长至 50min，半焦中的挥发分含量从 10.06%下降到 6.21%，半焦中固定碳含量从

27.54%上升到31.84%，这是由于恒温时间越长，残渣的受热时间越长，导致挥发分的逸出量增大，半焦中残余的挥发分含量减少，半焦在高温段的停留时间延长，半焦中的有机质容易断裂，化学键形成大分子的活泼自由基，其中环烷系异构化以及芳环系缩聚反应造成了固定碳含量的增多。

表 4.6 不同恒温时间下半焦的工业分析

恒温时间/min	挥发分含量/%	灰分含量/%	固定碳含量/%
10	10.06	62.40	27.54
20	7.80	62.95	29.25
30	7.10	62.97	29.93
40	6.81	61.77	31.42
50	6.21	61.95	31.84

4.7 褐煤固有矿物质对残渣热解产物的影响

4.7.1 固有矿物质对残渣热解气组分的影响

固有矿物质对残渣热解气组成的影响如图 4.13 所示。

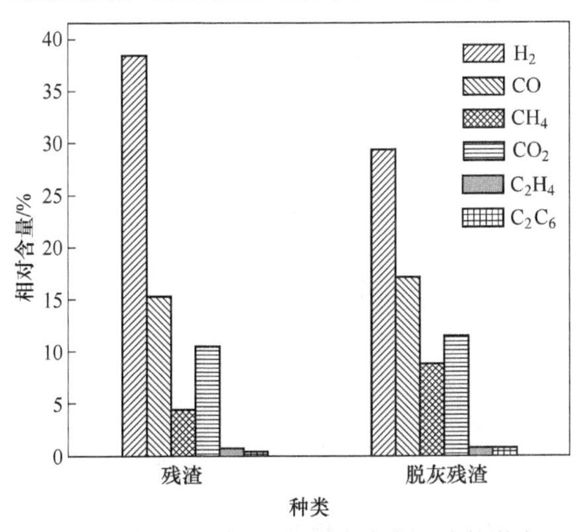

图 4.13 固有矿物质对残渣热解气组成的影响

由图 4.13 可以看出，最明显的变化是脱除矿物质后，热解气中 H_2的含量降低了，而且降幅较大，约降了 10%，其他气体含量有所提升，其中 CH_4的提升较为明显，约提升了 2 倍，CO 含量上升了 2.3%，CO_2 含量上升了 1%，C_2H_4 和 C_2H_6 含量较低，具体变化不太明显。这是由于灰分中的黏土类矿物质是颗粒十分细小的、具有层状结构的硅酸盐矿物质，矿物质晶体中的—OH 可与氧原子排列成具有带电荷的层间域，并与残渣中有机质的极性官能团以氢键和偶极矩的形式相结合，穿插在层间域中，而灰分脱除后褐煤残渣结构中的支链部分以及含氧极性官能团不再受层间域的限制，从而大量裂解，因此热解气中 CO 和 CO_2 含量增高；热解气中 H_2 含量下降得较为明显，这是由于脱灰后甲氧键的断裂加剧，导致挥发分中 CH_3 · 含量增多，这些 CH_3 · 会和 H · 结合生成 CH_4，因此 H_2 的含量下降，同时这也是热解气中甲烷含量提升较大的原因。

4.7.2　固有矿物质对焦油组分的影响

附录中附表 7 是脱灰残渣热解焦油中可检测出的组分，与附录中附表 1 中的原残渣焦油组分对比可以看出，脱灰后焦油中脂肪烃类减少，在未脱灰时，原残渣焦油中脂肪烃种类较多，如 6,6-二乙基十八烷、十六烷、1-十四烯等，总含量占 20.30%，而脱灰后，残渣焦油中脂肪烃含量减少，仅占 4.8%，脱灰残渣焦油中芳香族化合物含量增多。

4.7.2.1　固有矿物质对焦油芳环数的影响

固有矿物质对残渣焦油中芳香化合物的环数的影响如图 4.14 所示。

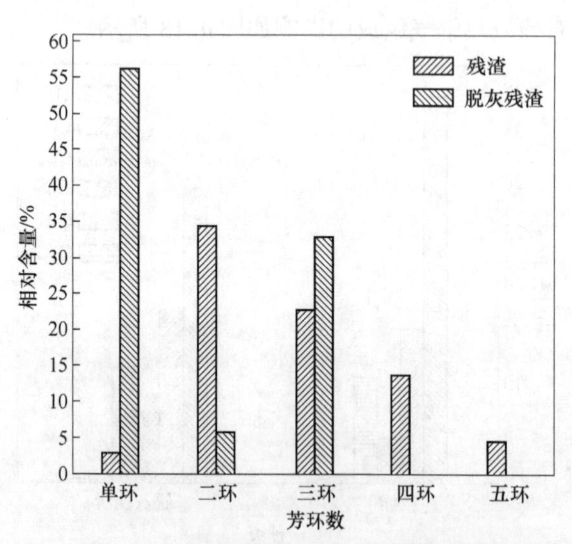

图 4.14　固有矿物质对焦油芳环数的影响

由图 4.14 可以看出，脱灰残渣焦油中轻质组分明显增多，主要是单环、二环以及三环芳香物质，环数高于三环的物质并没有检测到，其中单环芳香化合物含量高达 56.35%，相比未脱灰残渣焦油组分增长了 53.40%，对应的主要是酚类化合物，如 2,4-二甲基苯酚、4-乙基苯酚等，二环物质含量有所减少，三环物质对应的主要是菲类化合物，如2-甲基菲、1-甲基-7-(1-甲基乙基)-菲等，含量占32.99%，相比未脱灰残渣提高了10.18%。

4.7.2.2　固有矿物质对焦油组分相对分子质量分布的影响

固有矿物质对焦油相对分子质量分布的影响如图4.15所示。

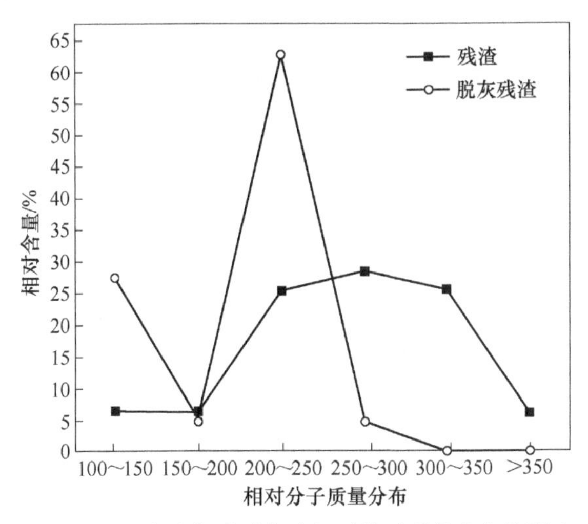

图4.15　固有矿物质对焦油相对分子质量分布的影响

由图4.15可以看出，脱灰残渣焦油组分中相对分子质量在250以下的含量显著提高，其中100~150区间的单环芳香化合物（主要是酚类化合物）占27.56%，相比未脱灰残渣焦油提高了21.04%，150~200区间的组分无明显变化，200~250区间的组分含量占62.69%，相比未脱灰残渣焦油提高了37.14%，脱灰残渣焦油相对分子质量在250~300的组分显著减少，仅占4.80%，减少了23.88%，而相对分子质量在300以上的组分，脱灰残渣焦油中并未检测到。

综上所述，残渣的固有矿物质使焦油组分的芳环数增大，重质焦油组分较多，焦油组分的相对分子质量较大，脱除矿物质后，焦油组分芳环数明显减少，轻质焦油组分增多，组分的相对分子质量减少，焦油中含氮杂原子数减少，提高了焦油的品质。这是由于残渣中硅铝酸盐及黏土类物质较多，对挥发分有较强的吸附作用，挥发分逸出后并不能迅速地脱离残渣表面，导致自由基之间的聚合反应，增大了焦油的相对分子质量，同时残渣中的金属元素含量也较大，各种金属元素对残渣的热解也起着催化或抑制的作用，也一定会对焦油的品质产生影响。

4.7.3　固有矿物质对半焦组成的影响

固有矿物质对半焦组成的影响见表4.7，可以看出，灰分脱除后，残渣热解半焦中的灰分含量显著降低，挥发分含量增高，固定碳的含量也显著增加，说明固有矿物质的脱除有利于半焦品质的提升。

表 4.7 固有矿物质对半焦工业分析的影响

样品	挥发分含量/%	灰分含量/%	固定碳含量/%
残渣	5.58	64.67	29.75
脱灰残渣	11.91	19.14	68.95

4.8 外加矿物质对残渣热解产物的影响

本节分别以碱金属盐、碱土金属盐、过渡金属盐为矿物质添加物，并采取浸渍负载法添加到残渣中，实验前先对残渣进行脱灰，以排除残渣中固有矿物质中金属元素的干扰，对碱金属 Na、K 采用 NaCl、KCl 进行负载，对碱土金属 Ca、Mg 采用 $CaCl_2$、$MgCl_2$进行负载，对过渡金属元素 Fe、Ni 采用 $FeCl_3$、$NiCl_2$进行负载，具体的负载方法见第 3 章。

在热解终温 800℃、20K/min 的升温速率、N_2气氛下进行热解实验研究，分别考察负载各种金属盐后的残渣热解性能，研究外加矿物质对残渣热解特性的影响，得到如下实验结果。

4.8.1 碱金属盐对残渣热解特性的影响

4.8.1.1 碱金属盐对残渣热解气组成的影响

碱金属盐对残渣热解气组成的影响如图 4.16 所示。

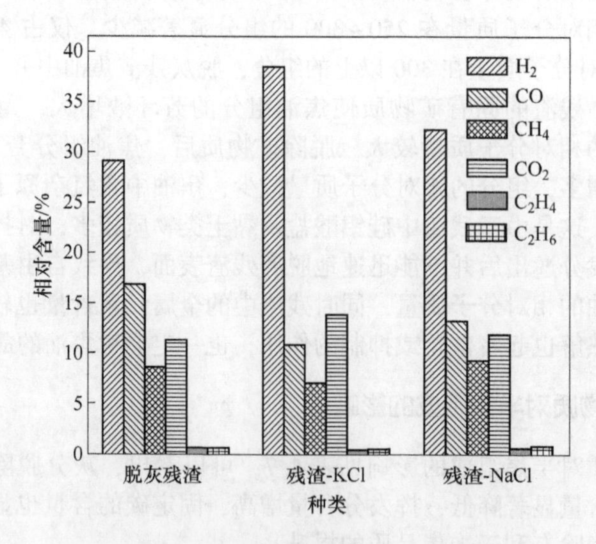

图 4.16 碱金属盐对残渣热解气组成的影响

由图 4.16 中可以看出，碱金属盐 NaCl、KCl 的添加都改变了热解气的组分含量，其中影响较为明显的是热解气中的 H_2、CO 和 CO_2。与脱灰残渣相比，KCl 和 NaCl 都提高了热解气中 H_2含量，残渣-KCl 热解气中 H_2含量高达 38.98%，约提高 9.53%，残渣-NaCl 热解气中 H_2含量约提高 4.19%，KCl 的提升效果较明显；KCl 和 NaCl 都降低了热解气中 CO 的含量，残渣-KCl 热解气中 CO 含量为 10.98%，约降低 6.14%，残渣-NaCl 热解气中 CO 含量为 13.45%，约降低 3.67%，KCl 的降低效果更明显；对于热解气中的 CO_2，两种碱金属盐对其含量都起着增加作用，对热解气中 CH_4、C_2H_4、C_2H_6的影响，KCl 和 NaCl 有着不同的现象，KCl 使它们的含量略有降低，而 NaCl 有着相反的作用。

参照图 3.16 和图 3.17 的热重曲线图可以看出，出现上述现象的原因是，KCl、NaCl 都促进了高温段半焦的缩聚反应，会释放出 H_2，使 H_2含量增加，但 KCl 增加得较为明显，这是由于 K 元素对水汽的变换反应（$CO+H_2O \rightarrow H_2+CO_2$）具有催化作用[10]，残渣在热解过程中会产生部分水分，热解气中的 CO 在 K 元素的催化作用下会和热解产生的水分子进行上述的水汽变换反应，从而进一步增加了 H_2的含量，由于碱金属能循环交联残渣中的含氧官能团，生成的交联点热稳定性较差，导致热解过程中更多 CO_2的生成，也使得残渣-KCl 热解气中 CO_2含量高于残渣-NaCl 的，CO 含量低于残渣-NaCl 的。

4.8.1.2 碱金属盐对焦油组成的影响

附录中附表 8 是残渣-KCl 和残渣-NaCl 的焦油组分，可以看出，与附录中附表 7 的脱灰残渣相比，KCl 和 NaCl 不同程度地增加了焦油中脂肪族化合物的含量，不同的是 KCl 较大程度增加了焦油中脂肪烃的含量，如庚烯烃、正十八烷等组分，总脂肪化合物含量占 14.18%，约提高 9.38%，而 NaCl 较大程度增加了含氮杂环化合物的含量，如胺类、哌啶酮等组分，总脂肪化合物含量占 23.14%，约提高 18.34%。

A 碱金属盐对焦油组分芳环数的影响

碱金属盐对芳香化合物环数的影响如图 4.17 所示。焦油中无三环以上的芳香烃，可以看出碱金属盐 NaCl、KCl 都降低了焦油中单环芳香化合物的含量，参照附录中附表 7 中焦油组分可以看出残渣-KCl 以及残渣-NaCl 焦油中的单环物质主要是苯酚类化合物，与脱灰残渣焦油中的单环芳烃对比发现，残渣-KCl 以及残渣-NaCl 焦油单环芳香组分减少的主要是芳香环侧链含有甲氧基的酚类化合物，如 2,5-二甲氧基苯酚在脱灰残渣焦油中含量高达 28.79%，加入碱金属盐后，此种物质并没有被检测到，说明 NaCl、KCl 促进了芳香环侧链上甲氧键的断裂，这是由于加入碱金属后，碱金属会与芳香环上含氧官能团结合，碱金属离子基团的强吸电子性会使芳环的 π 电子云密度降低，降低了侧链的强度；NaCl、KCl 都增

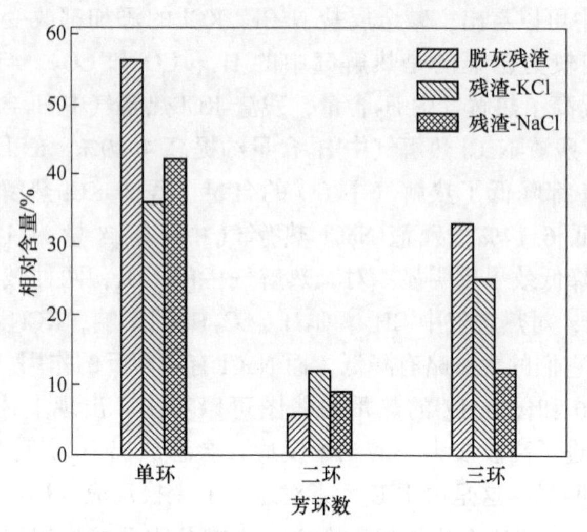

图 4.17　碱金属盐对焦油芳环数的影响

加了焦油中二环芳烃萘类化合物的含量，在脱灰残渣焦油中，萘类物质占 5.86%，当加入 NaCl、KCl 后，其含量分别提升至 12.03% 和 9.08%，对于焦油中的三环芳烃菲类化合物的含量，此两种碱金属盐也起着降低的作用，在脱灰焦油中，菲类化合物含量高达 32.99%，当加入两种金属盐后，菲类化合物含量分别降至 25.17% 和 12.19%，谢克昌[11]认为当煤样中存在碱金属时，以 Na 为例，它会在边缘的 C 原子上结合一个 Na^+O^- 基团，如下所示：

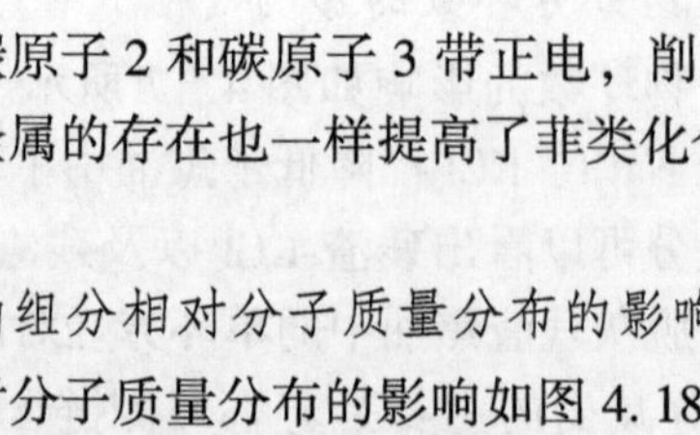

碱金属的加入使得碳原子 2 和碳原子 3 带正电，削弱了 C—C 键的强度，提高了反应活性，所以碱金属的存在也一样提高了菲类化合物的活性，促进了菲类化合物的开环裂解。

B　碱金属盐对焦油组分相对分子质量分布的影响

碱金属盐对焦油相对分子质量分布的影响如图 4.18 所示。由图 4.18 可以看出，焦油中的组分相对分子质量都在 300 以下，300 以上的物质没有检测到，加入碱金属盐后，相对分子质量在 150 以下的物质含量明显增多，而 150 以上的物质明显减少；对于 100~150 区间的物质，脱灰残渣焦油中仅含 27.56%，加入 NaCl、KCl 后，其含量分别提升至 45.6% 和 48.62%；对于150~200 区间的组分，

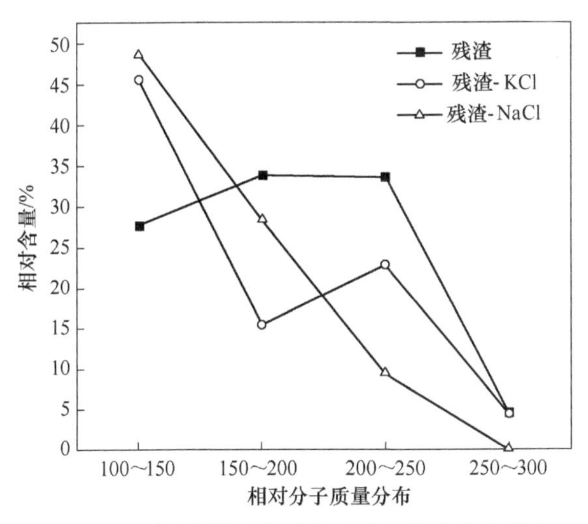

图 4.18 碱金属盐对焦油相对分子量分布的影响

脱灰残渣焦油中含量占 33.92%，加入碱金属盐后，其含量分别降低至 15.46%、28.42%；对于 200~250 区间的组分，脱灰残渣焦油中含量占 33.72%，加入碱金属盐后，其含量分别降低至 23.10%、9.65%；对于 200 以上的组分，脱灰残渣中含量占 4.8%，加入 KCl 其含量降至 4.34%，而加入 NaCl 后，并没有检测到该区间的组分含量，这说明加入碱金属盐可以降低焦油的组分的相对分子质量，使焦油的小分子组分增多。

综上所述，碱金属盐的添加会显著增大残渣热解焦油中脂肪化合物的含量，焦油中的芳香化合物中的酚类以及菲类物质会有所减少，萘类物质有所增加，焦油组分中低相对分子质量物质含量增多，焦油的组分更加轻质化，提高了焦油的品质。

4.8.1.3 碱金属盐对半焦组成的影响

碱金属盐对半焦工业分析的影响见表 4.8，由表中数据可以看出，加入碱金属盐后，热解半焦中的灰分含量显著提升，挥发分含量有所降低，固定碳含量也明显下降，半焦的品质有较大程度下降，这是由于负载在脱灰残渣上的碱金属盐在热解的过程中大多被保留在半焦表面或内部，使半焦的灰分上升，由于碱金属盐对残渣热解有催化作用，使热解过程中更多的有机质逸出，半焦的挥发分和固定碳都下降到较低的含量。

表 4.8 碱金属盐对半焦工业分析的影响

样品	挥发分含量/%	灰分含量/%	固定碳含量/%
脱灰残渣	11.91	19.23	68.86
残渣-KCl	3.79	74.59	21.62
残渣-NaCl	3.86	76.57	19.57

4.8.2　碱土金属盐对残渣热解特性的影响

4.8.2.1　碱土金属盐对残渣热解气组分的影响

碱土金属盐对残渣热解气组成的影响如图 4.19 所示。

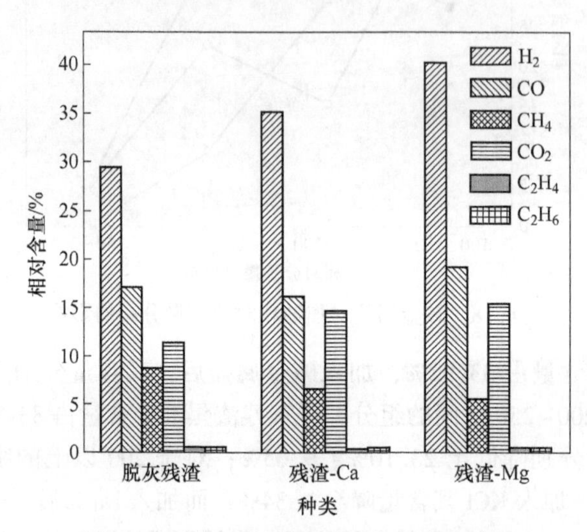

图 4.19　碱土金属盐对热解气组成的影响

由图 4.19 可知，$CaCl_2$和 $MgCl_2$对残渣热解气的组成有较大的影响，其中最明显的变化是 H_2的含量变化，与脱灰残渣相比，残渣-$CaCl_2$和残渣-$MgCl_2$热解气中 H_2的含量都有所提高，其中 $CaCl_2$提高 5.8%，$MgCl_2$提高 10.8%，这是由于在低温段时 H_2来源于脂肪烃的裂解，但是在高温时芳香环的缩聚更加明显，产生大量的 H_2[12]，而图 3.19 和图 3.20 的 DTG 曲线上看出残渣-$MgCl_2$高温段热解明显，伴随的芳环缩聚也较为剧烈，因此会产生较多的 H_2，但残渣-$CaCl_2$高温段较为平稳，并没有出现明显的失重峰，其热解气中却含有较高的 H_2含量，这点可以参照下文中的焦油组分，残渣-$CaCl_2$焦油组分中单环芳烃含量明显减少，而二环和三环芳烃含量增多，说明芳烃发生了脱氢加环的过程，促进增环但同时释放出 H_2[13]，从而导致残渣 $CaCl_2$热解气 H_2含量增大。$CaCl_2$和 $MgCl_2$都提升了热解气中 CO 的相对含量，对于残渣-$MgCl_2$热解气中 CO 含量的增加，其原因是 $MgCl_2$促进了低温段的热解，使更多的醚类化学键断裂，而对于残渣-$CaCl_2$热解气中 CO 含量的增加，参照焦油中的组分，推测其更大可能地促进了 CO 次要生成路径的产生，如焦油中的酚化合物以及含氧杂环的裂解[14]，两种金属盐都在一定程度上降低了热解气中 CH_4的相对含量，与此相反，对 CO_2的含量都有所提升，使 CO_2含量增大的原因是由于 Ca、Mg 在浸渍腐黑物的过程中与羧基形成有机盐，以 Ca 为例，Ca^{2+} 与羧基上的 H 发生离子交换形成（—COO—Ca—OOC—）[15]，这种基团一部分受热分解生成 CO_2，一部分又会同腐黑物基质发生结合：

$$(\text{—COO—Ca—OOC—}) + (\text{—CM}) \longrightarrow (\text{—COO—Ca—CM}) + CO_2$$

$$(\text{—COO—Ca—CM}) + (\text{—CM'}) \longrightarrow (\text{CM'—Ca—CM}) + CO_2$$

在继续升温的过程中（CM'—Ca—CM）会进一步裂解生成自由基，同时释放出 Ca^{2+}，释放出的活性金属离子又进一步和自由基再次结合，如此反复循环的过程增加了腐黑物热解的自由基种类和数量，释放出了更多的 CO_2。

4.8.2.2 碱土金属盐对残渣焦油组分的影响

附录中附表 9 是残渣-$CaCl_2$和残渣-$MgCl_2$的焦油组分，可以看出，两种样品的热解焦油组分及含量差别不大，与未添加金属盐的脱灰残渣相比，$CaCl_2$和$MgCl_2$使焦油中脂肪族化合物的含量略有增加，对焦油中的芳香化合物含量略有降低。

A 碱土金属盐对焦油组分芳香环数的影响

碱土金属盐对焦油芳香化合物组分环数的影响如图 4.20 所示，$CaCl_2$和$MgCl_2$对残渣热解焦油的影响类似，主要组分发生比较明显的变化，焦油中单环芳烃的量明显减少，降低了 30.98%，而二环芳烃萘类化合物和三环芳烃菲类化合物以及四环芳香化合物则有较大程度的提高，这说明 $CaCl_2$、$MgCl_2$具有促进单环向多环的转化的作用。参照附录中附表 9 可以看出，单环芳烃中主要减少的是酚类化合物，推测 $CaCl_2$、$MgCl_2$能促进酚羟基的断裂，产生苯基自由基，自由基再相互聚合，生成更大的芳烃环，自由基在缩合成环的过程中会释放出活性 H 自由基或 H_2，这也解释了残渣-$CaCl_2$和残渣-$MgCl_2$气相产物中较高 H_2含量的原因。

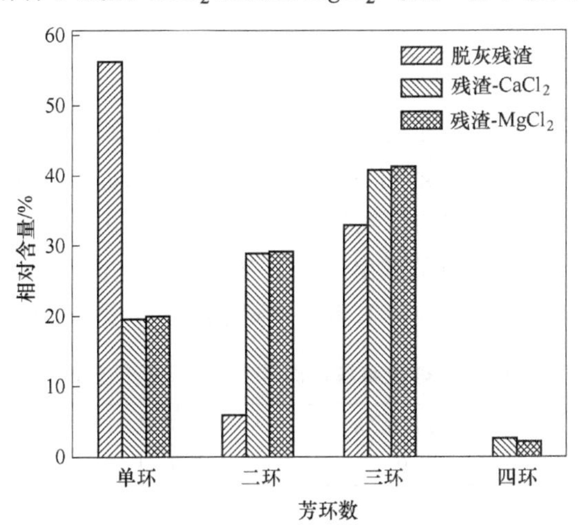

图 4.20 碱土金属盐对焦油组分芳环数的影响

B　碱土金属盐对焦油中相对分子质量分布的影响

碱土金属对焦油相对分子质量的分布如图 4.21 所示，图中较为明显的现象是，残渣-$CaCl_2$、残渣-$MgCl_2$焦油组分相对分子质量分布极其相似，相对分子质量在 200 以上的组分显著增多，150~200 区间组分含量明显下降，脱灰残渣焦油中未检测到相对分子质量在 300 以上的组分，但当加入这两种碱金属盐后，热解焦油中出现了 300 以上的组分，说明碱土金属盐的加入使焦油的平均相对分子质量增大，对自由基之间的聚合反应起着催化作用。

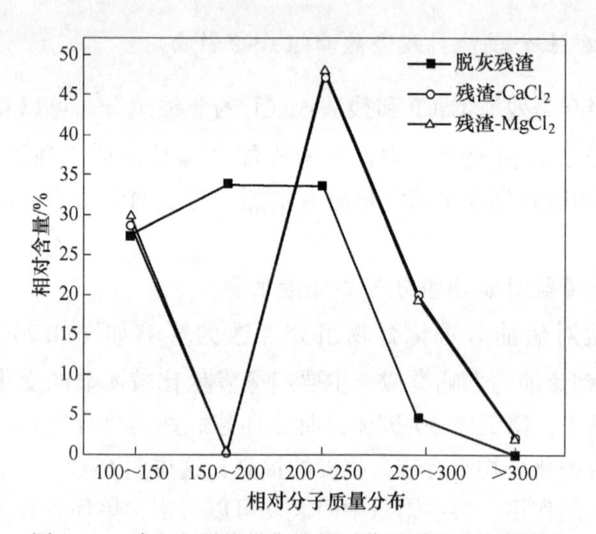

图 4.21　碱土金属盐对焦油相对分子质量分布的影响

综上所述，碱土金属加入使焦油中的多环芳烃增加，促进了环的增大，使焦油的平均相对分子质量增大，重质组分增多。

4.8.2.3　碱土金属盐对半焦组成的影响

碱土金属盐对残渣半焦工业分析的影响见表 4.9，和碱金属盐一样，加入碱土金属盐后，半焦中的灰分含量都明显提升，挥发分和固定碳的含量都有所下降，不同的是加入 $MgCl_2$后，半焦中的挥发分明显下降，这是由于 $MgCl_2$对残渣热解低温段有催化作用，促进了挥发分的逸出，由于 $MgCl_2$对残渣高温段的缩聚反应也具有催化作用，因此可以看到残渣-$MgCl_2$半焦中固定碳的含量相对残渣-$CaCl_2$较高。

表 4.9　碱土金属盐对半焦工业分析的影响

样品	挥发分含量/%	灰分含量/%	固定碳含量/%
脱灰残渣	11.91	19.14	68.95
残渣-$CaCl_2$	8.78	42.33	48.89
残渣-$MgCl_2$	3.64	43.67	52.69

4.8.3　过渡金属盐对残渣热解特性的影响

4.8.3.1　过渡金属盐对残渣热解气组成的影响

$FeCl_3$和 $NiCl_2$对热解气含量的影响如图 4.22 所示。

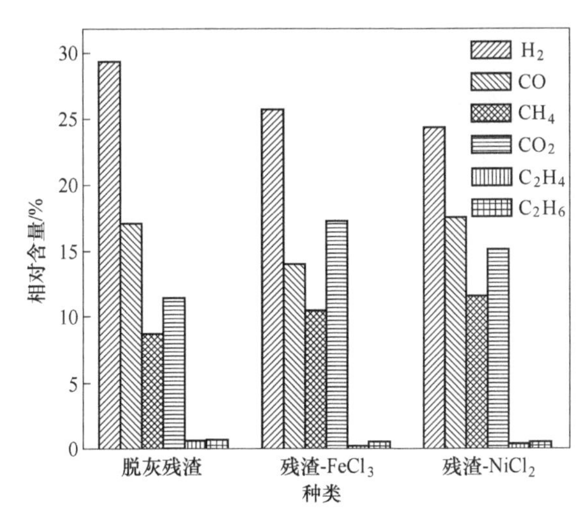

图 4.22　过渡金属盐对热解气组成的影响

从图 4.22 可以看出，两种过渡金属盐都降低了热解气中 H_2的含量，并且降低幅度较大，其中 $FeCl_3$对 H_2组分的含量降低了 3.67%，$NiCl_2$降低了 5.08%；对热解气中 CO_2和 CH_4组分，两种过渡金属盐对其含量都起着提升的作用，其中对 CO_2组分的提升更为显著，两种过渡金属盐分别提高 5.86%和 3.70%，对 CH_4含量的提升次之，分别提升 1.79%和 2.87%，对 CO 组分含量，$FeCl_3$起着降低的作用，而 $NiCl_2$起着略微增加的作用，在添加了两种过渡金属盐后，热解气中 C_2H_4的含量也明显降低，C_2H_6的含量变化不大。这是由于过渡金属元素只含一个 d 电子的空 d 轨道，d 电子会和热解气 H_2中的 s 电子配对生成氢自由基（H·），提高了 H·的浓度[16]，从而使热解气中 H_2的含量有较大幅度降低，由于 H·含量的提升，部分 H·又会和热解产生的 CH_3·结合生成 CH_4，因此热解气中 CH_4的含量也都显著增高，而对热解气中 CO_2含量的提升，两种过渡金属盐的催化机理和碱土金属盐类似，由于 $FeCl_3$对残渣低温段的热解具有催化作用，且 CO_2组分主要在低温段逸出，所以残渣-$FeCl_3$热解气中 CO_2含量略高。

4.8.3.2　过渡金属盐对焦油组成的影响

过渡金属盐对残渣焦油组成的影响见附录中附表 10，可以看出 $FeCl_3$和 $NiCl_2$

对焦油组分的影响十分明显，残渣-$FeCl_3$和残渣-$NiCl_2$焦油中脂肪族化合物显著增多，如十四烷、十六烷、十八烷等饱和烷烃增多，烯烃的种类和含量也增多，在脱灰残渣中，焦油中脂肪烃含量仅占4.8%，当加入$FeCl_3$和$NiCl_2$后，其热解焦油中脂肪烃含量分别增长至49.24%和41.78%，焦油中芳香族化合物含量也明显减少，酚类化合物和菲类化合物都大幅降低，焦油中的含N杂环化合物也未检测到，说明$FeCl_3$、$NiCl_2$更利于焦油组分中脂肪烃的形成，不利于芳香化合物以及杂环化合物的形成。

A 过渡金属盐对焦油芳环数的影响

过渡金属盐对残渣焦油芳香化合物的环数影响如图4.23所示。

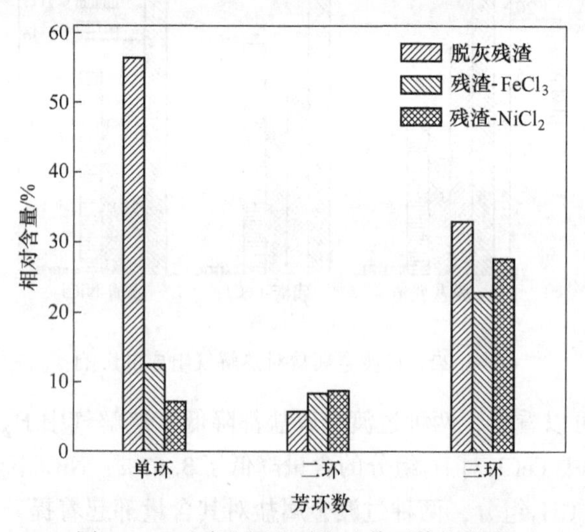

图4.23 过渡金属盐对焦油芳环数的影响

由图4.23可以看出，加入过渡金属盐后，焦油中单环芳烃的含量下降极为明显，在脱灰残渣焦油中，单环芳烃含量高达56.35%，随着$FeCl_3$、$NiCl_2$的加入，单环芳烃的含量分别下降到12.47%和7.32%，焦油中的三环芳烃化合物的含量也有所下降，但不如单环芳烃的下降幅度大，焦油中二环芳烃的含量略有增加。这是由于不少研究者[17~19]认为含过渡金属的化合物对加氢反应具有催化作用，参照热解气中较低的H_2含量，本书认为$FeCl_3$、$NiCl_2$对残渣焦油中芳香烃具有加氢脱环作用，对含N杂环化合物具有加氢脱氮作用，导致焦油中的单环芳烃以及含N杂环含量明显减少，由于三环芳烃结构比较稳定，在本实验条件下难以将所有的芳香环都加氢脱除，因此转化成二环芳烃的可能性较大，这也解释了残渣-$FeCl_3$和残渣-$NiCl_2$焦油中二环芳烃略有升高的原因。

B 过渡金属盐对焦油组分相对分子质量分布的影响

过渡金属盐对焦油组分相对分子质量分布的影响如图4.24所示。

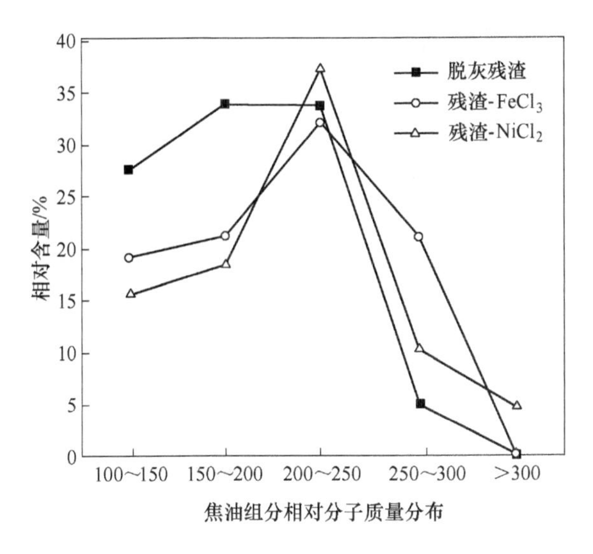

图 4.24 过渡金属盐对焦油相对分子质量分布的影响

大体可以看出，加入过渡金属盐后，焦油中相对分子质量在 100~150 及 150~200 区间的组分显著减少，而 250~300 以及 300 以上的组分有所增加，说明过渡金属盐的添加可以使焦油的平均相对分子质量增大，对照附录中附表 10 可以看出，残渣-$FeCl_3$和残渣-$NiCl_2$焦油中 250 以上的组分多是一些长链脂肪烃类化合物，如十八烷、二十烷、二十一烷等，可以推测过渡金属盐能促进焦油中脂肪烃类化合物的形成，有研究表明第Ⅷ族元素对甲烷的水蒸气、二氧化碳重整反应具有催化作用[20~23]，鉴于此，$FeCl_3$、$NiCl_2$可以促进甲烷氧化水蒸气和二氧化碳，产生如甲基、亚甲基等自由基，另外，由于过渡金属元素含有一个空 d 轨道，使之与焦油中的甲基、亚甲基或不饱和芳烃的 π 键结合并成键，提高含苯分子的甲基脱除活性，促进了焦油的脱甲基反应，从而产生更多的甲基自由基，较多的甲基自由基之间便相互聚合促进长链烃类的产生。

综上所述，加入过渡金属盐可以增大焦油中的脂肪烃含量，降低焦油中的芳香化合物含量，由于过渡金属的加氢催化作用，焦油芳香化合物中的单环和三环芳烃含量降低，焦油组分的平均相对分子质量增大，长链脂肪烃增多。

4.8.3.3 过渡金属盐对半焦组成的影响

过渡金属盐对半焦工业分析的影响见表4.10，由表中数据可以看出，加入过渡金属盐后，半焦中的灰分含量也是明显增长，挥发分及固定碳含量明显下降，半焦的品质降低，说明过渡金属的加入有利于残渣的热解，使半焦中残留的有机质减少。

表 4.10　过渡金属盐对半焦工业分析的影响

样品	挥发分含量/%	灰分含量/%	固定碳含量/%
脱灰残渣	11.91	19.14	68.95
残渣-$FeCl_3$	5.94	44.28	49.78
残渣-$NiCl_2$	5.77	47.86	46.37

参考文献

[1] 高松平，赵建涛，王志青，等. CO_2对褐煤热解行为的影响 [J]. 燃料化学学报，2013，41 (3)：257~264.

[2] 赵慧明，贾挺豪，王美君，等. 昭通褐煤的热解提质及其对气化反应性能的影响 [J]. 燃料化学学报，2016，44 (8)：905~910.

[3] 阳虹，李永生，张玉贵. 红外光谱和核磁共振对腐植酸分子结构的表征 [J]. 煤炭转化，2013，36 (4)：72~76.

[4] Novák F，Šestauberová M，Hrabal R. Structural features of lignohumic acids [J]. Journal of Molecular Structure，2015，1093：179~185.

[5] Fuse Y，Okamoto T，Hayakawa K，et al. Py-GC/MS analysis of sediments from Lake Biwa，Japan：characterization and sources of humic acids [J]. Limnology，2016，17 (3)：206~221.

[6] 赵丽红，郭慧卿，马青兰. 煤热解过程中气态产物的分布 [J]. 煤炭转化，2007，30 (1)：5~9.

[7] Xiong Ran，Dong Li，Yu Jian，et al. Fundamentals of coal topping gasification：Charaterization of pyrolysis topping in a fluidized bed reactor [J]. Fuel Process Technol，2010，91 (8)：810~817.

[8] Alonso M J G，Borrego A G，Alvarez D，et al. Physiochemical transformation of coal particles during pyrolysis and combustion [J]. Fuel，2001，80 (13)：1857~1870.

[9] 秦育红，冯杰，李文英. 水蒸气对秸秆气化焦油结构及形成途径的影响 [J]. 太阳能学报，2014，35 (11)：2199~2202.

[10] Murakami K，Shirato H，Ozaki J I，et al. Effects of metal ions on the thermal decomposition of brown coal [J]. Fuel Processing Technology，1996，46 (3)：183~194.

[11] 谢克昌. 煤的结构与反应性 [M]. 北京：科学出版社，2002.

[12] Xu W C，Tomita A. The effects of temperature and residence time on the secondary reactions of volatiles from coal pyrolysis [J]. Fuel Processing Technology，1989，21 (1)：25~37.

[13] Shukla B，Koshi M. Comparative study on the growth mechanisms of PAHs [J]. Combustion & Flame，2011，158 (2)：369~375.

[14] Yongbin J，Jiejie H，Wang Y. Effects of calcium oxide on the cracking of coal tar in the free-

board of a fluidized bed [J]. Energy & Fuels, 2004, 18 (6): 1625~1632.

[15] Li C Z, Sathe C, Kershaw J R, et al. Fates and roles of alkali and alkaline earth metals during the pyrolysis of a victorian brown coal [J]. Fuel, 2000, 79 (3): 427~438.

[16] 谢欣馨, 罗进成, 葛启明, 等. 催化剂对煤热解特性的影响 [J]. 煤化工, 2015, 43 (4): 38~42.

[17] 孙福侠, 李灿. 过渡金属磷化物的加氢精制催化性能研究进展 [J]. 石油学报 (石油加工), 2005, 21 (6): 1~11.

[18] 朱全力, 杨建, 季生福, 等. 过渡金属碳化物的研究进展 [J]. 化学进展, 2004, 16 (3): 382~385.

[19] 雷玉. 神府煤在不同气氛下的催化热解反应性研究 [D]. 西安: 西安科技大学, 2010.

[20] Kusakabe K, Sotowa K I, Eda T, et al. Methane steam reforming over Ce-ZrO_2-supported noble metal catalysts at low temperature [J]. Fuel Processing Technology, 2004, 86 (3): 319~326.

[21] Djaidja A, Kiennemann A, Barama A. Effect of Fe or Cu addition on Ni/Mg-Al and Ni/MgO catalysts in the steam-reforming of methane [J]. Studies in Surface Science & Catalysis, 2006, 162: 945~952.

[22] Liu J, Hu H, Jin L, et al. Integrated coal pyrolysis with CO_2 reforming of methane over Ni/MgO catalyst for improving tar yield [J]. Fuel Processing Technology, 2010, 91 (91): 419~423.

[23] Nagai M, Nakahira K, Ozawa Y, et al. CO_2 reforming of methane on Rh/Al_2O_3 catalyst [J]. Chemical Engineering Science, 2007, 62 (18~20): 4998~5000.

5 昭通褐煤腐植酸与矿物、土壤的吸附特性及微生物降解特性

土壤矿物质中的黏土矿物具有较高的活性，广泛存在于各类地质环境中，也是土壤的主要组成部分之一，影响着土壤的结构和性能。黏土矿物可分为层状硅酸盐化合物和铁、铝、锰、硅等元素的氧化物和氢氧化物等非层状硅酸盐。黏土矿物具有比表面积大、孔隙多以及极性强等特征，特殊的结构赋予黏土矿物许多特性，在自然条件下，黏土矿物与腐植酸常常通过相互作用，形成有机-无机复合体，在此过程中影响因素众多。如矿物种类、腐植酸浓度、pH 值、水分以及温度等因素的共同作用，使腐植酸的存在状态发生变化，同时影响它的微生物降解特性。本章进行昭通褐煤腐植酸在黏土矿物及部分土壤上的吸附实验，考察各因素对吸附效果的影响。黏土矿物质选择如下：高岭土（1∶1 型层状硅酸盐黏土矿物）、蒙脱石（2∶1 型层状硅酸盐黏土矿物）和铝土矿（非层状硅酸盐黏土矿物）。

土壤微生物是土壤中一切肉眼看不见或看不清楚的微小生物的总称，严格意义上应包括细菌、放线菌、真菌及其他原生动物和显微藻类，其种类和数量随土壤环境及土层深度的不同而变化。它们在土壤中参与氧化、硝化、氨化、固氮、硫化等过程，从而促进土壤有机质的分解和养分的转化。一般来说，土壤越肥沃，微生物数量和种类越多。据估计，1g 土壤中含有大约 10^{10} ~ 10^{11} 个细菌，10^7 ~ 10^8 个放线菌，10^4 ~ 10^5 个真菌菌丝，以及一小部分藻类物质。这些微生物不但与土壤肥力有关，并且在自然界的物质循环中起重要作用。土壤微生物被认为是陆地生态系统植物多样性和生产力的重要动力。由于土壤微生物种类繁多，本章重点考察以真菌、细菌、放线菌为优势菌种的混合菌对腐植酸的降解作用，因此分别选择 PDA 培养基（真菌为优势菌种）、高氏一号培养基（以放线菌为优势菌种）、牛肉膏蛋白胨（以细菌为优势菌种）作为实验培养基。

5.1 实验及表征方法

5.1.1 腐植酸在土壤矿物中吸附研究的实验方法

取一定量的腐植酸加入一定浓度的氢氧化钠溶液定容至 1L，作为腐植酸母液；提前将恒温振荡器调制所需温度，根据实验条件配制不同浓度和体积的腐植

酸溶液于500mL烧杯中，通过0.1mol/L的NaOH和0.1mol/L的HCl调节pH值，加入一定量的矿物样品，并放入振荡器中，反应15h（一般情况下90%的吸附反应发生在1h以内，之后缓慢达到平衡，为了满足吸附达到平衡，振荡时间为15h是合理的），测定体系pH值，通过抽滤将复合体与未吸附腐植酸分离，测定未吸附部分的pH值和吸光度，得出总吸附量；再取出滤饼加入一定量的水搅拌、抽滤、冲洗滤饼（复合体）至吸光度不变、测定溶液pH值、吸光度和体积，得出物理吸附量。

吸附量的计算公式具体如下：
总吸附量：

$$A = \frac{(C_0 - C_1)V_0}{m} \quad \text{（浓度变化与总体积的乘积）} \tag{5.1}$$

物理吸附量：

$$A_2 = \frac{C_2V_2}{m} - (V_0 - V_1)C_1 \quad \text{（不稳定吸附部分）} \tag{5.2}$$

化学吸附量：

$$A_1 = A - A_2 \quad \text{（稳定吸附部分）} \tag{5.3}$$

式中 A——总吸附量，mg/g；
A_1——化学吸附量，mg/g；
A_2——物理吸附量，mg/g；
C_0——腐植酸初始浓度，mg/L；
C_1——一次滤液的腐植酸浓度，mg/L；
V_0——腐植酸溶液初始体积，L；
V_1——一次滤液体积，L；
V_2——冲洗滤饼用水的体积，L；
C_2——二次滤液的腐植酸浓度，mg/L；
m——矿物质量，g。

5.1.2 腐植酸微生物降解特性研究的实验方法

5.1.2.1 腐植酸溶液的制备

取10g腐植酸固体，加入1L的去离子水和2g NaOH，在60℃水浴锅中搅拌24h，腐植酸充分溶解后，用去离子水定容至1L，即得到10g/L的腐植酸溶液。

5.1.2.2 微生物降解腐植酸的实验

将腐植酸溶液调节pH值至所需值，取适量加入到各个土壤微生物培养液中，同时向另一组土壤微生物培养液中加入等量无菌水作为此次实验的空白样，进行恒温恒湿震荡培养，培养温度为28℃、培养时长60天，并在0天（混合2h）、10天、20天、30天、40天、50天、60天分别取样进行分析。

5.1.2.3　测试及表征方法

从培养瓶中取10mL溶液用稀硫酸调至pH=1，以1000speed/RCF×10转速离心10min，进行固液分离，得到的液体用来测定酸可溶性有机碳含量，固体即为降解后的腐植酸固体，测定其E4/E6值，并进行凝胶色谱（GCP）分析（waters5510型凝胶渗透色谱仪），计算腐植酸降解率：

$$\eta = \frac{m_{降解前} - m_{降解后}}{m_{降解前}} \times 100\% \tag{5.4}$$

式中　$m_{降解前}$——0天酸析分离后烘干所得固体的质量，g；

$m_{降解后}$——降解、酸析分离并烘干后所得固体的质量，g。

5.1.3　黏土矿物及土壤XRD表征

对所购黏土矿及实验土壤进行XRD表征，结果如图5.1~图5.4所示。

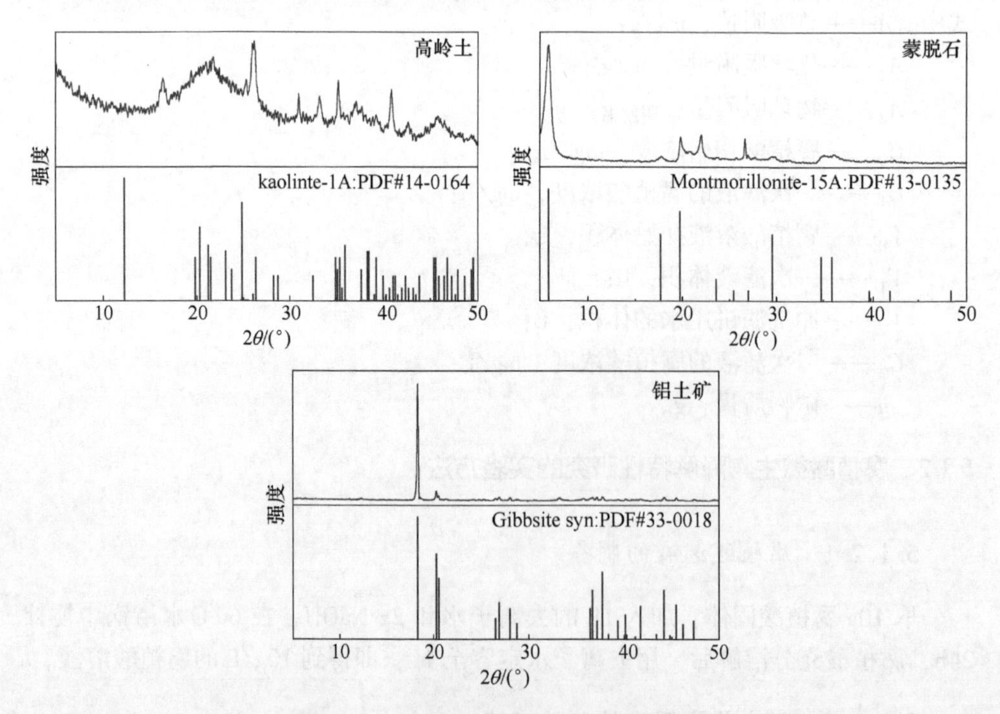

图5.1　三种黏土矿物的X射线衍射图

其中，实验购买的蒙脱石为钙基蒙脱石，而铝土矿来自于广西桂西地区，含有大量三水铝石。

图 5.2 所示为昆明梨园土和经不同处理的钾、镁饱和定向片的 X 射线衍射图谱。

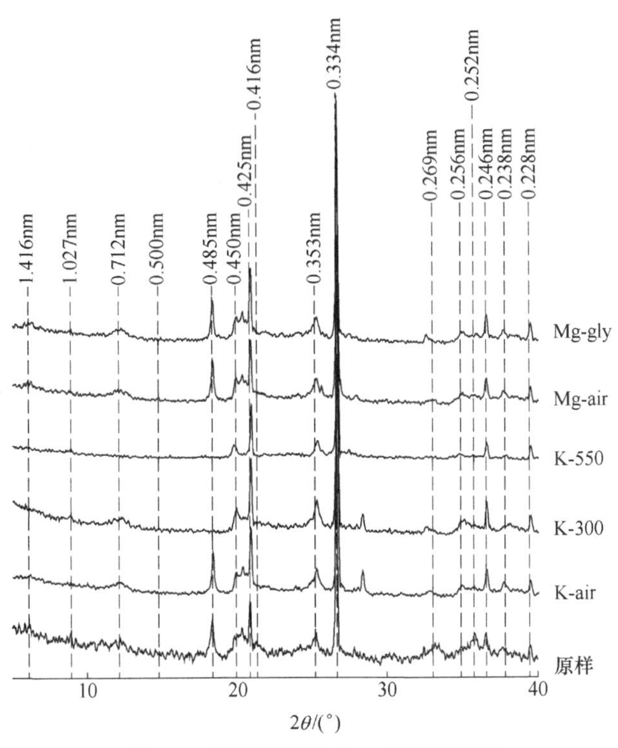

图 5.2 昆明梨园土的 X 射线衍射图

由图 5.2 可知：原样和经过不同处理后的样品，在 0.425nm、0.334nm、0.228nm 处出现的衍射峰均未发生变化，证明存在一定量的石英；原样、钾片和镁片在 0.712nm 处均出现衍射峰，钾片经 300℃处理未发生变化，加热至 550℃处理后消失，证明存在高岭石；原样、钾片和镁片在 0.485nm 处均出现较强衍射峰，但钾片加热至 300℃峰形消失说明样品含三水铝石；原样和经不同处理后的样品，在 1.027nm 和 0.500nm 处出现的衍射峰均未发生变化，表明存在云母；原样和经过不同处理后的样品，在 0.450nm 和 0.238nm 处的衍射峰没有发生变化，0.450nm 处的衍射峰为伊利石的主峰，与其他层状硅酸盐矿物区别显著，往往为土壤中伊利石鉴定时的特征峰，说明存在伊利石（水云母）；原样在 1.416nm 处出现衍射峰，其镁-甘油片在此位置的峰未发生变化，说明不含蒙脱石；其钾片在此位置的衍射峰也未发生收缩，说明不含蛭石，钾片加热至 300℃时，1.416nm 衍射峰向 1.027nm 峰收缩，并形成一个宽峰，说明不含绿泥石；再加热至 550℃后 1.416nm 处的衍射峰全部收缩成不对称的 1.027nm 峰，说明存在

1. 4nm 过渡层矿物，1. 4nm 过渡层矿物结构类型介于绿泥石与蛭石类型之间，是层间有岛屿状羟基铝（镁）或硅酸盐聚合物的 2∶1 型层状硅酸盐矿物；原样在 0. 416nm 和 0. 269nm 处出现的衍射峰，为针铁矿的特征峰，说明存在针铁矿；原样在 0. 252nm 处出现衍射峰，说明存在赤铁矿的衍射峰，加之原样在 0. 269nm 处出现的宽峰，其为针铁矿与赤铁矿的共同衍射峰，说明存在赤铁矿；原样和经过不同处理后的样品，在 0. 353nm 处有强衍射峰，说明存在锐钛矿；原样经过 DCB 溶液处理后，在 0. 246nm 和 0. 269nm 处的峰减弱，说明赤铁矿处于非晶态。由以上分析可得，实验所用昆明梨园土的黏土矿物成分组合为：云母、伊利石、高岭石、三水铝石、1. 4nm 过渡矿物、针铁矿和赤铁矿。

图 5. 3 所示为临沧水稻土和经过不同处理的钾、镁饱和定向片的 X 射线衍射图谱。

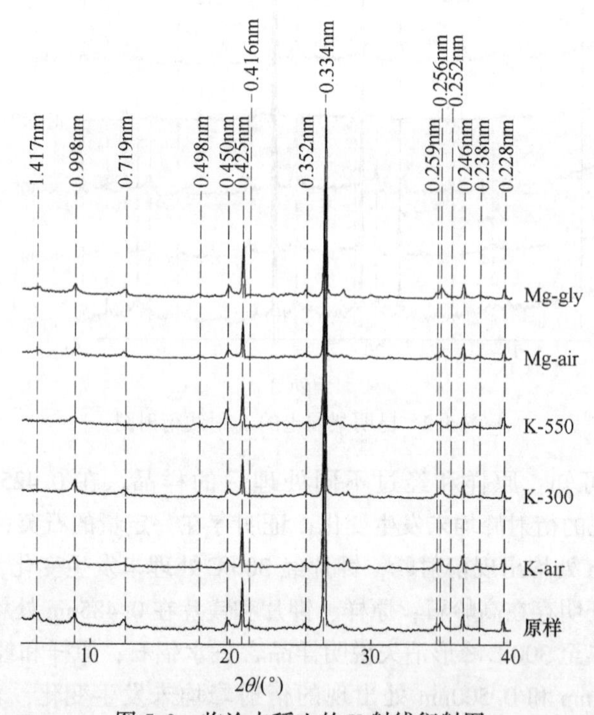

图 5. 3　临沧水稻土的 X 射线衍射图

由图 5. 3 可知：原样和经过不同处理后的样品，在 0. 425nm、0. 334nm、0. 246nm 和 0. 228nm 处出现的衍射峰均未发生变化，证明存在石英；原样、钾片和镁片在 0. 719nm 处均出现衍射峰，钾片经 300℃ 处理未发生变化，加热至 550℃ 处理后消失，证明存在高岭石；原样和经过不同处理后的样品，在 0. 998nm 和 0. 498nm 处出现的衍射峰均未发生变化，表明存在云母；原样和经过不同处理后的样品，在 0. 450nm 和 0. 238nm 处的衍射峰没有发生变化，0. 450nm

处的衍射峰为伊利石的主峰，与其他层状硅酸盐矿物区别显著，往往为土壤中伊利石鉴定时的特征峰，说明存在伊利石（水云母）；原样在 1.417nm 处出现衍射峰，其镁-甘油片在此位置的峰未发生变化，说明不含蒙脱石；其钾片在此位置的衍射峰发生收缩，且加热至 300℃时，1.417nm 衍射峰向 0.998nm 峰收缩，再加热至 550℃后，此衍射峰几乎全部收缩到 0.998nm 峰处，说明存在蛭石；原样和经不同处理后的样品在 0.352nm 处出现衍射峰，结合其与 0.450nm 处的峰相对强度来看，此峰应为伊利石衍射峰；原样在 0.416nm 和 0.259nm 处出现的衍射峰，为针铁矿的特征峰，加之钾片加热至 550℃后，在 0.252nm 处出现衍射峰，说明存在针铁矿。由以上分析以及土壤来源可得，实验所用临沧水稻土的黏土矿物成分组合为：云母、伊利石、高岭石、蛭石和针铁矿。

图 5.4 所示为大庆菜园土和经过不同处理的钾、镁饱和定向片的 X 射线衍射图谱。

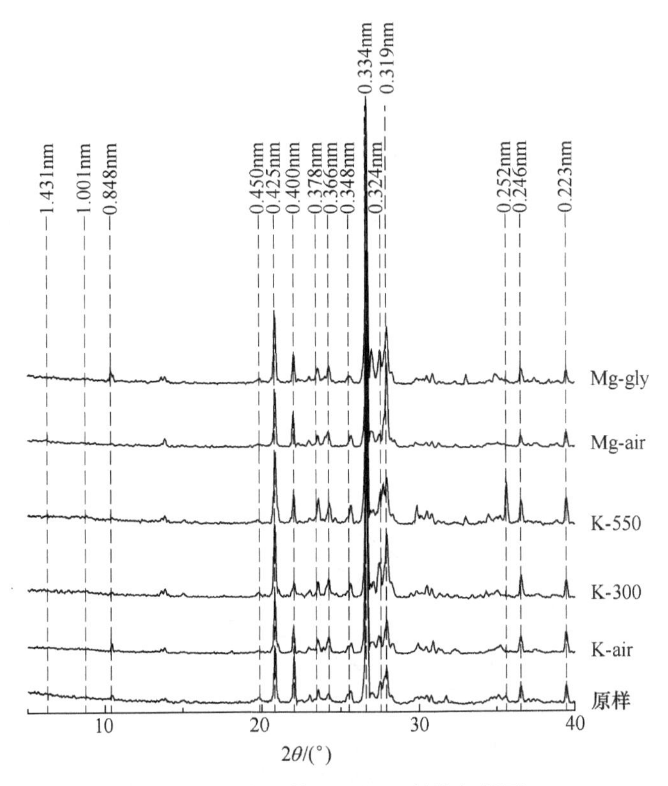

图 5.4 大庆菜园土的 X 射线衍射图

由图 5.4 可知：原样和经过不同处理后的样品，在 0.425nm、0.334nm、0.246nm 和 0.228nm 处出现的衍射峰均未发生变化，证明存在一定量石英；原样和经不同处理后，在 0.998nm 和 0.498nm 处出现的衍射峰均未发生变化，表明存在云母；原样和经不同处理后，0.450nm 处的衍射峰没有发生变化，说明存在伊利石（水云母）；原样在 1.431nm 处出现衍射峰，镁-甘油片在此位置的峰明显平缓，且其钾片再加热至 550℃后，1.001nm 处的峰有一定程度加强，说明存在蒙脱石；原样在 0.252nm 处无明显的衍射峰，其钾片加热至 550℃后，在 0.252nm 处出现强衍射峰，说明有大量氧化钙生成，存在钙积层；原样和经不同处理后的样品，在 0.848nm 处的衍射特征峰说明存在闪石；原样和经不同处理后的样品在 0.400nm 和 0.319nm 出现的衍射特征说明存在钠长石；原样和经不同处理后的样品在 0.378nm、0.366nm 和 0.324nm 出现的衍射特征说明存在正长石。经以上分析可得，实验所用大庆菜园土的黏土矿物成分组合为：伊利石、蒙脱石。

5.2 腐植酸在土壤矿物中的吸附特性

5.2.1 腐植酸在高岭土上的吸附量变化

5.2.1.1 初始浓度对吸附量的影响

吸附条件如下：腐植酸溶液浓度为 120mg/L、180mg/L、240mg/L、300mg/L、360mg/L 和 420mg/L，pH=5，体积为 100mL；高岭土质量 1g，pH=5.60；反应温度 25℃；反应时间 15h。图 5.5 所示为腐植酸初始浓度对吸附量影响。

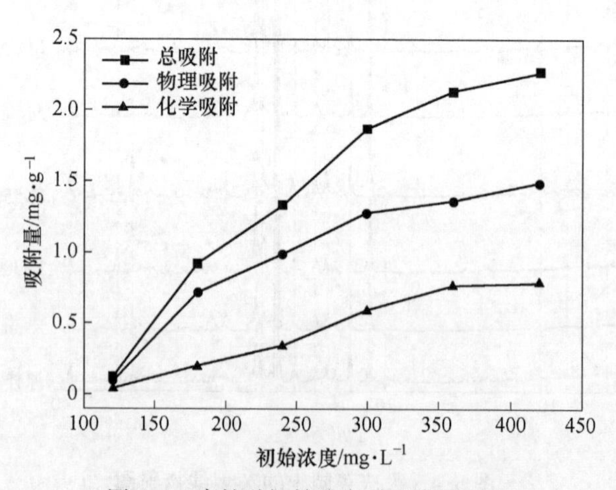

图 5.5 腐植酸初始浓度对吸附量影响

从图 5.5 中可以看出，随着腐植酸初始浓度的增大，高岭土的总吸附量、物理吸附量和化学吸附量都有不同程度的增加，其中物理吸附主导着吸附过程。

5.2.1.2 初始 pH 值对吸附量的影响

吸附条件如下：腐植酸溶液 pH 值为 4、5、6、7、8 和 9，浓度为 360mg/L，体积为 100mL；高岭土质量 1g，pH = 5.60；反应温度 25℃；反应时间 15h。图 5.6 所示为腐植酸初始 pH 值对吸附量的影响。

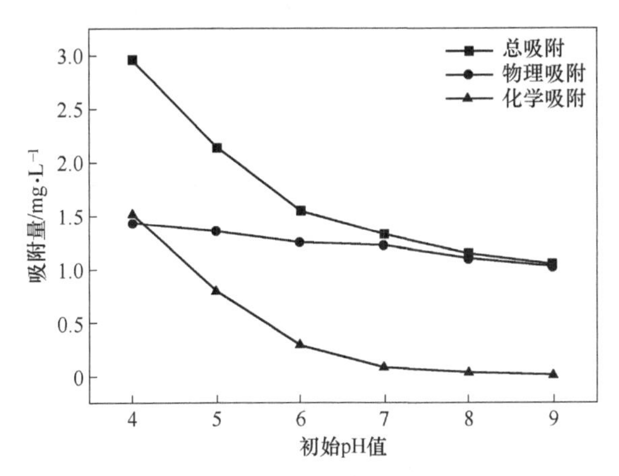

图 5.6 腐植酸初始 pH 值对吸附量的影响

从图 5.6 可以看出，随着腐植酸初始 pH 值的升高，高岭土的总吸附量、物理吸附量和化学吸附量均有不同程度的降低，除了 pH = 4 时，其余均为物理吸附主导的吸附过程，pH = 7 以后，几乎没有化学吸附。造成高岭土化学吸附量减少的原因是：高岭土表面永久负电荷的量很少，并含有一定量的铝羟基等可变电荷[1]，在酸性条件下这些可变电荷会带正电荷，使高岭土表面出现质子化，与腐植酸的羧基等发生配位交换的能力强[2]，从而化学吸附量多；随着腐植酸初始 pH 值的升高，腐植酸上的羧基等活性基团解离和高岭土端面因去质子化，腐植酸与高岭土之间静电排斥作用增强和配位交换作用减弱，所以化学吸附量相应减少。造成高岭土物理吸附量缓慢减少的原因可能是：腐植酸初始 pH 值的上升，腐植酸与高岭土之间静电斥力作用增强，所以物理吸附量减少，但是还存在疏水作用和范德华力等导致的物理吸附，所以物理吸附量下降缓慢。

5.2.1.3 液固比对吸附量的影响

吸附条件如下：腐植酸溶液体积为 50mL、75mL、100mL、125mL 和 150mL，浓度 360mg/L，pH = 5；高岭土质量 1g，pH = 5.60；反应温度 25℃；反应时间 15h。一般认为，在 pH = 5 时，腐植酸分子开始发生聚沉效应，为了不引发歧义，需保证反应结束时，体系 pH 值在 5 以上，所以本次单因素实验所选择的腐植酸初始 pH = 5。图 5.7 所示为液固比对吸附量的影响。

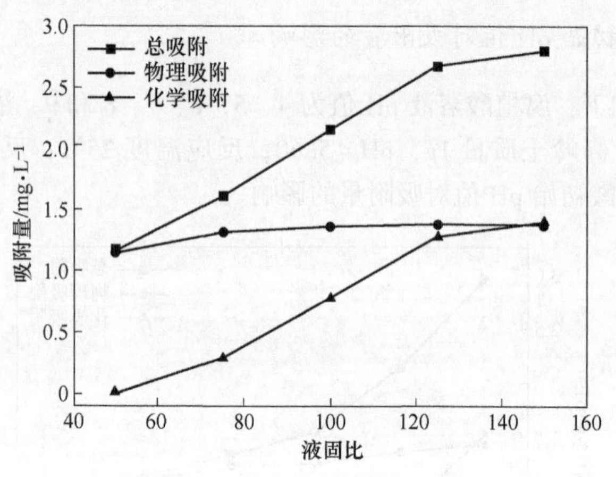

图 5.7 液固比对吸附量的影响

从图 5.7 看出，随着液固比的增大，高岭土的总吸附量、物理吸附量和化学吸附量均有不同程度的增加，其中物理吸附量增加较为缓慢；在液固比为 125 和 150 时，物理吸附和化学吸附共同主导吸附过程，其余的均为物理吸附占主导，且在液固比为 50 时，几乎没有化学吸附。

5.2.1.4 温度对吸附量的影响

吸附条件如下：腐植酸溶液体积为 150mL，浓度为 360mg/L，pH = 5；高岭土质量 1g，pH = 5.60；反应温度为 20℃、25℃、30℃、35℃和 40℃；反应时间 15h。图 5.8 所示为温度对吸附量的影响。

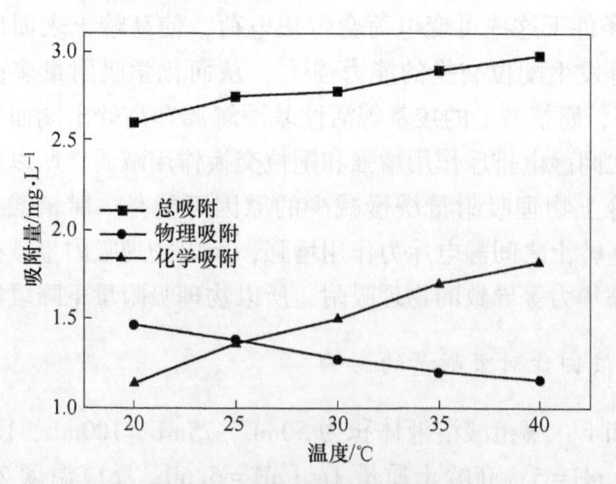

图 5.8 温度对吸附量的影响

从图 5.8 可以看出，随着反应体系温度的升高，高岭土的总吸附量和化学吸附量均有不同程度的升高，而物理吸附量逐渐降低，在 25℃以后，主要由化学吸附主导吸附过程。造成高岭土化学吸附量增加的原因可能是：随着温度的升高，溶液中分子的运动速度加快，活化分子（腐植酸和高岭土）数逐渐增多，使腐植酸与高岭土通过配位交换结合的几率增大，从而化学吸附量增加。对于物理吸附量的减少，可能是分子热运动加强，使范德华力、疏水作用、静电力等导致的物理吸附作用减弱，从而高岭土的物理吸附量减少。

5.2.2 腐植酸在蒙脱石上的吸附量变化

5.2.2.1 初始浓度对吸附量的影响

吸附条件如下：腐植酸溶液浓度为120mg/L、180mg/L、240mg/L、300mg/L、360mg/L和420mg/L，pH=5，体积为100mL；蒙脱石质量1g，pH=8.63；反应温度25℃；反应时间15h。图5.9所示为腐植酸初始浓度对吸附量的影响。

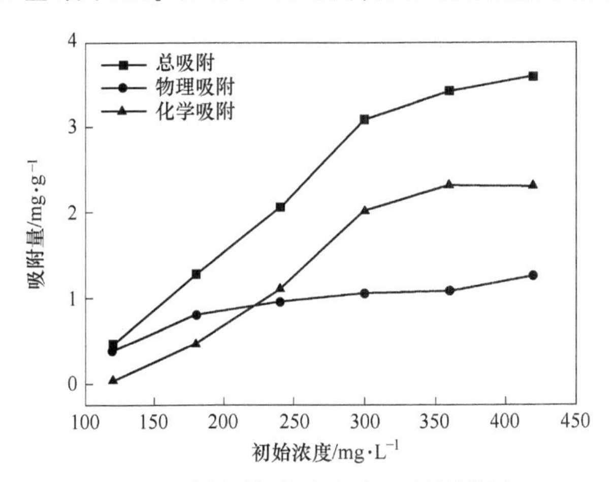

图5.9 腐植酸初始浓度对吸附量的影响

从图5.9可以看出，随着腐植酸初始浓度的增大，蒙脱石的总吸附量、物理吸附量和化学吸附量都有不同程度的增加，但物理吸附量增加缓慢，在浓度为240mg/L之前，是以物理吸附为主导的吸附过程。造成蒙脱石化学吸附量增加的原因是：在低浓度时，溶液中腐植酸的含量较少，使腐植酸的羧基等官能团与蒙脱石上的羟基配位交换作用减弱，所以化学吸附量少；随着腐植酸初始浓度的升高，溶液中腐植酸的含量增多，腐植酸与蒙脱石之间的配位交换作用加强，所以化学吸附量增加。蒙脱石的物理吸附量增加缓慢，原因可能是：实验所使用的原料为钙基蒙脱石，其特点是在溶液中的分散性差[1]，与腐植酸之间的疏水作用、范德华力以及静电力等不明显，其吸附过程主要通过腐植酸与蒙脱石之间的钙离子键桥[3]，故物理吸附量增加缓慢。

5.2.2.2　初始 pH 值对吸附量的影响

吸附条件如下：腐植酸溶液 pH 值为 4、5、6、7、8 和 9，浓度为 360mg/L，体积为 100mL；蒙脱石质量 1g，pH = 8.63；反应温度 25℃；反应时间 15h。图 5.10 所示为腐植酸初始 pH 值对吸附量的影响。

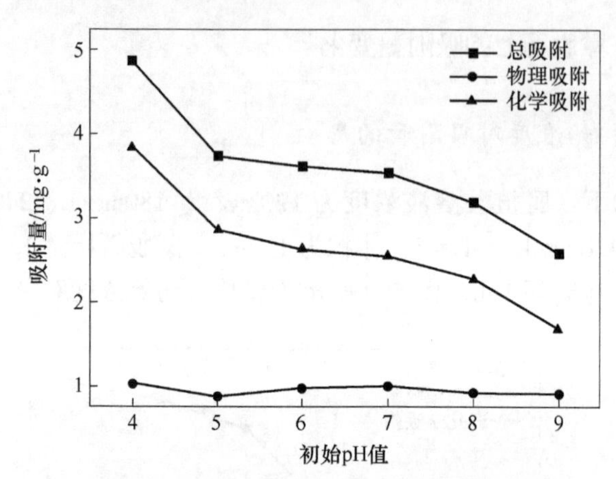

图 5.10　腐植酸初始 pH 值对吸附量的影响

从图 5.10 可以看出，随着腐植酸溶液初始 pH 值的升高，蒙脱石的总吸附量、物理吸附量和化学吸附量均有不同程度的降低，物理吸附量变化不大；反应结束时体系的 pH 值变化率先增加后减小。造成蒙脱石化学吸附量减少的原因可能是：钙基蒙脱石表面永久负电荷的量较少，并含有一定量的铝羟基等可变电荷，在酸性条件下这些可变电荷会带正电荷，使蒙脱石表面出现质子化，从而与腐植酸上的羧基等官能团发生配位交换[4]，所以化学吸附量多，但随着 pH 值的增加，效果相反，化学吸附减少；从酸性环境到碱性环境的变化过程中，腐植酸的羧基、羟基和酚羟基等活性基团解离加强，蒙脱石端面因去质子化使负电性增强，腐植酸与蒙脱石之间的静电排斥增强和配位交换作用减弱[5]，从而化学吸附量相应减少。对于蒙脱石的物理吸附量变化不大的原因可能是：溶液初始 pH 值的上升，对腐植酸与蒙脱石之间的钙离子键桥影响较小，所以物理吸附量变化不大。

5.2.2.3　液固比对吸附量及体系 pH 值的影响

吸附条件如下：腐植酸溶液体积为 50mL、75mL、100mL、125mL 和 150mL、浓度 360mg/L，pH = 4；蒙脱石质量 1g，pH = 8.63；反应温度 25℃；反应时间 15h。图 5.11 所示为液固比对吸附量的影响。

从图 5.11 可以看出，随着液固比的增加，蒙脱石的总吸附量、物理吸附量

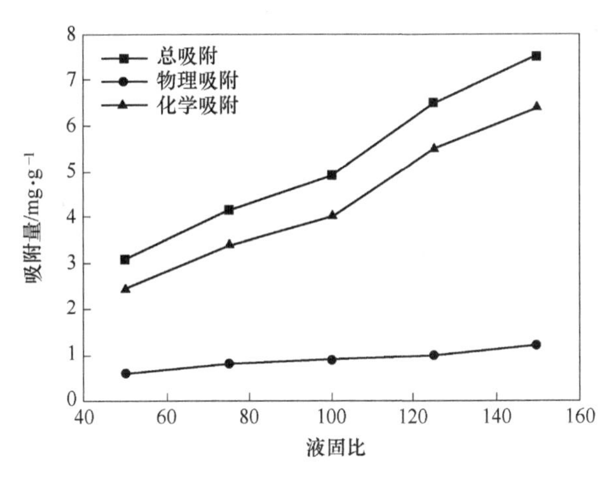

图 5.11 液固比对吸附量的影响

和化学吸附量均有不同程度的升高，其中物理吸附量升高较为缓慢，化学吸附主导吸附过程。造成蒙脱石化学吸附量增加的原因是：较低的液固比条件下，溶液中腐植酸的含量较少，腐植酸与蒙脱石之间的配位交换作用弱，导致化学吸附量少；随着液固比的升高，腐植酸的含量增加，蒙脱石与腐植酸之间的配位交换作用加强，使蒙脱石化学吸附量增加。对于物理吸附过程：液固比的增加，并不会对钙基蒙脱石在溶液中的分散性带来明显改善，吸附还是以钙离子键桥为主，所以蒙脱石的物理吸附量增加缓慢。

5.2.2.4 温度对吸附量的影响

吸附条件如下：腐植酸溶液体积为 150mL，浓度为 360mg/L，pH = 5；蒙脱石质量 1g，pH = 5.60；反应温度为 20℃、25℃、30℃、35℃和 40℃；反应时间 15h。图 5.12 所示为温度对吸附量的影响。

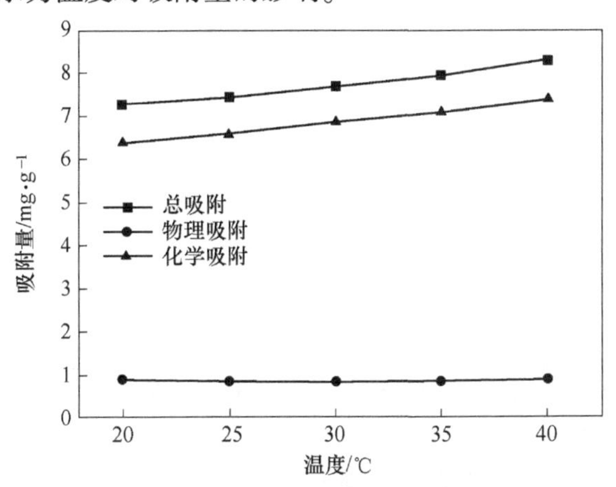

图 5.12 温度对吸附量的影响

从图 5.12 可以看出，随着反应体系温度的升高，蒙脱石的总吸附量和化学吸附量均有不同程度的升高，而物理吸附量变化不大。造成蒙脱石的化学吸附量增加的原因可能是：在较低的温度条件下，溶液中分子的运动速度较慢，活化分子（腐植酸分子）数量较少，腐植酸的羟基与蒙脱石上的羟基配位交换较少，随着温度的升高，溶液中腐植酸分子的运动速度加快，使腐植酸与蒙脱石配位交换结合的概率增大，从而化学吸附加强。然而，钙基蒙脱石的分散性及以蒙脱石与腐植酸之间的钙离子键桥为主的物理吸附受温度的影响较小，因此物理吸附量变化不大。

5.2.3 腐植酸在铝土矿上的吸附量变化

5.2.3.1 初始浓度对吸附量的影响

吸附条件如下：腐植酸溶液浓度为 120mg/L、180mg/L、240mg/L、300mg/L、360mg/L 和 420mg/L，pH=5，体积为 100mL；铝土矿质量 1g，pH=7.81；反应温度 25℃；反应时间 15h。图 5.13 所示为腐植酸初始浓度对吸附量的影响。

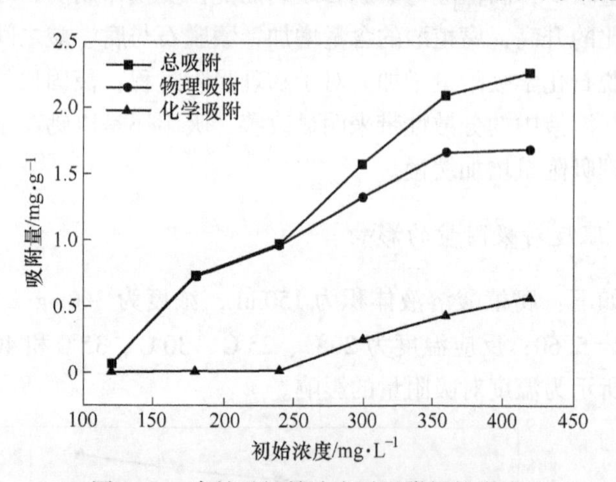

图 5.13 腐植酸初始浓度对吸附量的影响

由图 5.13 可以看出，随着腐植酸初始浓度的增加，铝土矿的总吸附量、物理吸附量和化学吸附量都有不同程度的增加，且以物理吸附为主导，浓度为 240mg/L 之前，几乎没有化学吸附。

5.2.3.2 初始 pH 值对吸附量的影响

吸附条件如下：腐植酸溶液 pH 值为 4、5、6、7、8 和 9，浓度为 360mg/L，体积 100mL；铝土矿质量 1g，pH=7.81；反应温度 25℃；反应时间 15h。图 5.14 所示为腐植酸初始 pH 值对吸附量的影响。

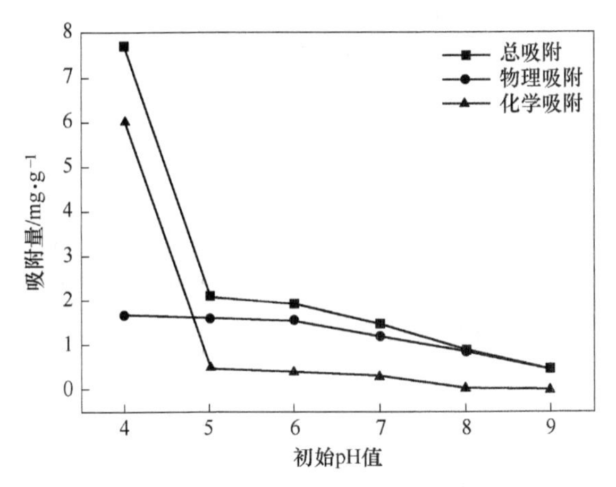

图 5.14 腐植酸初始 pH 值对吸附量的影响

从图 5.14 可以看出，随着腐植酸溶液初始 pH 值的升高，铝土矿的总吸附量、物理吸附量和化学吸附量均有不同程度的降低，造成上述变化的原因与高岭石的吸附情况相同。

5.2.3.3 液固比对吸附量的影响

吸附条件如下：腐植酸溶液体积为 50mL、75mL、100mL、125mL 和 150mL，浓度为 360mg/L，pH=4；铝土矿质量 1g，pH=7.81；反应温度 25℃；反应时间 15h。图 5.15 所示为液固比对吸附量的影响。

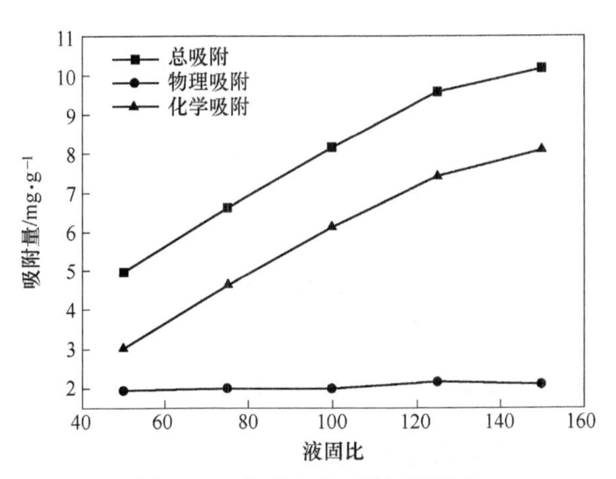

图 5.15 液固比对吸附量的影响

从图 5.15 可以看出，随着液固比的增大，铝土矿的总吸附量、物理吸附量和化学吸附量均有不同程度的升高，其中物理吸附量升高较为缓慢，化学吸附主导吸附过程。造成铝土矿的化学吸附量增加的原因是：低的液固比条件下，铝土矿的分散性较差以及腐植酸的含量较少，腐植酸与铝土矿之间的配位交换作用弱，所以化学吸附量少；随着液固比的升高，铝土矿的分散性得到改善以及腐植酸的含量增多，使腐植酸与铝土矿之间的配位交换作用加强，化学吸附量增加。

5.2.3.4 温度对吸附量的影响

吸附条件如下：腐植酸溶液体积为150mL，浓度为360mg/L，pH=5；铝土矿质量1g，pH=5.60；反应温度为20℃、25℃、30℃、35℃和40℃，反应时间15h。图5.16所示为温度对吸附量的影响。

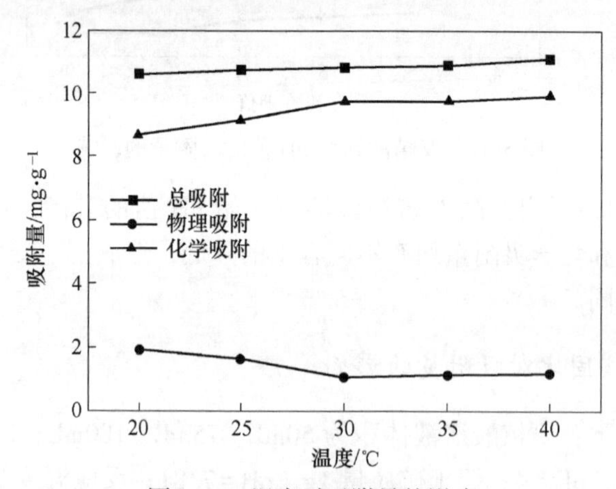

图5.16 温度对吸附量的影响

从图5.16可以看出，随着反应体系温度的升高，铝土矿的总吸附量和化学吸附量均有不同程度的升高，而物理吸附量逐渐降低，化学吸附主导吸附过程。造成铝土矿物化学吸附量增加的原因可能是：在较低的温度条件下，溶液中分子的运动速度较慢，活化分子（腐植酸和铝土矿）数量较少，腐植酸与铝土矿之间的配位交换作用弱；随着温度的升高，溶液中分子的运动速度加快，活化分子数逐渐增多，使腐植酸与铝土矿通过配位交换结合的概率增大，从而化学吸附量增加。对于铝土矿的物理吸附，可能是随着温度的升高，分子热运动加强，使范德华力、疏水基、静电力等主导的物理吸附作用减小，从而物理吸附量较少。

5.2.4 腐植酸在矿物、混合矿物及土壤中的吸附变化

吸附条件：腐植酸溶液浓度为360mg/L，pH=5，体积为150mL；矿物质量1g；反应温度25℃、反应时间15h。

5.2.4.1 吸附量变化

土壤参数及吸附参数见表5.1。

表 5.1 样品参数及吸附参数

矿物种类	pH 值	比表面积 /$m^2 \cdot g^{-1}$	孔容 /$cm^3 \cdot g^{-1}$	总吸附量 /$mg \cdot g^{-1}$	物理吸附量 /$mg \cdot g^{-1}$	化学吸附量 /$mg \cdot g^{-1}$
高岭土	5.60	12.868	0.081	2.79	1.39	1.40
蒙脱石	8.63	53.488	0.162	4.61	1.00	3.61
铝土矿	7.81	52.123	0.115	3.22	1.42	1.80
混合矿物	6.87	25.384	0.118	7.02	1.36	5.70
昆明梨园土	5.65	63.049	0.228	13.00	2.24	10.76
临沧水稻土	5.32	21.088	0.085	4.76	1.06	3.70
大庆菜园土	7.19	14.339	0.026	7.98	2.29	5.69

注：混合矿物配比：高岭土：蒙脱石：铝土矿=8：1.5：0.5。

由表 5.1 可知，总吸附量大小顺序为：混合矿物>蒙脱石>铝土矿>高岭土；物理吸附量大小顺序为：铝土矿>高岭土>混合矿物>蒙脱石；化学吸附量大小顺序为：混合矿物>蒙脱石>铝土矿>高岭土。对三种黏土矿物进行物理吸附和化学吸附对比分析可知：

(1) 高岭土和铝土矿与蒙脱石相比物理吸附量较大的原因可能是：高岭土和铝土矿在溶液中具有较好的分散性，吸附受疏水基、范德华力、静电力等作用显著，大分子组分吸附较多，而钙基蒙脱石由于自身分散性差的特点[1]，受疏水基、范德华力、静电力等作用不明显，主要通过钙离子键桥完成。

(2) 高岭土化学吸附量最少的原因可能是：虽然自身具有较低的 pH 值，但是由于其比表面积较小，所以吸附量少。

(3) 蒙脱石化学吸附量大于铝土矿物的原因可能是：其与铝土矿相比具有较大的孔容，使吸附更加稳定。

(4) 由三种黏土矿物组成的混合矿物，其化学吸附量明显大于三种单一黏土矿物，说明混合黏土矿物化学吸附量并不是三种单一黏土矿物化学吸附量的简单相加，是由于矿物的混合吸附出现了协同吸附的现象。

对于考察的三种土壤而言，由于物理、化学性质及矿物组成差异，因此不同土壤对腐植酸的吸附固定能力是有不同的，其中昆明梨园土的总吸附量和化学吸附量最大，而临沧水稻土的总吸附量和化学吸附量最小，大庆菜园土的总吸附量和化学吸附量介于以上两者之间。昆明梨园土与大庆菜园土的物理吸附较大，可能是由于腐植酸与它们所含有的高价金属离子络合造成的，XRD 物相分析中发现昆明梨园土和大庆菜园土分别含有一定量游离态的赤铁矿物和钙基层。总之，不同土壤对腐植酸的吸附差别较大，因为不同土壤其物理、化学性质差异较大，且不同土壤其矿物组成也天差地别。

5.2.4.2　未被吸附的腐植酸GPC分析对比

腐植酸经过矿物、土壤吸附前后的GPC参数见表5.2，吸附后残液中腐植酸的相对分子质量分布图如图5.17所示。

表5.2　样品的GPC结果

样品	M_n	M_w	M_z	M_{z+1}	M_v	M_w/M_n	M_p
1	86997	148073	232903	322875	137538	1.702	117232
2	106495	168306	243317	319920	158431	1.580	156122
3	32685	50152	72645	98847	47322	1.534	43825
4	22788	56238	156718	409139	47879	2.468	36172
5	36769	58579	87781	121526	54956	1.593	49118
6	56895	427468	1595855	3255198	341531	7.513	181527
7	80910	144773	243303	348875	146238	1.789	124132
8	85786	157872	258165	529602	145532	1.840	101499

注：1. 样品1为原腐植酸，pH=5；样品2~8为未被高岭土、蒙脱石、铝土矿、混合矿物、昆明梨园土、临沧水稻土、大庆菜园土吸附的腐植酸，pH=5.47。

2. M_n为数均相对分子质量；M_w为重均相对分子质量，M_z为z均相对分子质量；M_{z+1}为$Z+1$均相对分子质量；M_v为黏均相对分子质量；M_p为峰位相对分子质量。

由表5.2和图5.17可知，未被高岭土吸附的腐植酸相比于原料腐植酸，其相对分子质量的分布图，有一定程度的右移，M_n、M_w、M_z和M_v均有不同程度的上升，且M_w/M_n（即相对分子质量分布范围）减小，以及M_p的右移，而M_{z+1}则几乎没有变化，说明经过高岭土吸附作用后，未被吸附的腐植酸相对于原料腐植酸，相对分子质量增大、相对分子质量分布范围减小以及黏度增加。进一步比较未被高岭土吸附的腐植酸的M_n、M_w、M_z和M_{z+1}的增长率，发现M_n的增长率(0.224)>M_w的增长率（0.137)>M_z的增长率（0.045)>M_{z+1}的增长率（0.009)，说明经过高岭土吸附后的腐植酸分子群，在相对分子质量小的部分发生了较大变化，相对分子质量大的部分变化不明显。从M_n的增加、溶液M_w/M_n（即相对分子质量分布范围）的减小以及M_p右移等变化，可以得出未被高岭土吸附的腐植酸相对于原腐植酸，其相对分子质量小的部分减少明显。通过以上分析可以得出，可能是高岭土吸附作用后，使腐植酸分子群中相对分子质量小的部分所占比例减小，相对分子质量大的部分所占比例增大，腐植酸的相对分子质量增大，相对分子质量分布范围减小，以及黏度增加。

腐植酸经过蒙脱石吸附后，未被蒙脱石吸附的腐植酸相比于原料腐植酸，其相对分子质量的分布图，有明显的左移，M_n、M_w、M_z、M_{z+1}和M_v均有很大程度的下降，且 M_w/M_n（即相对分子质量分布范围）减小，以及 M_p 的左移，说明经过蒙脱石吸附作用后，相对于原料腐植酸未被吸附的腐植酸，相对分子质量减小、相对分子质量分布范围减小以及黏度减小。其相对分子质量分布图整体左移，即整个分子群的相对分子质量都发生减小，主要原因可能是：经过蒙脱石吸附作用后，溶液 pH 值显著升高，腐植酸的形态由分子胶束胶体逐渐转变为分子胶体。分析其 M_n、M_w、M_z 和 M_{z+1} 的减小率（M_n 的减小率为 0.624、M_w 的减小率为 0.661，M_z 的减小率为 0.688 和 M_{z+1}的减小率为 0.694）也可以得出类似的结论：经过蒙脱石吸附作用后，未被吸附的腐植酸整个分子群的相对分子质量按一定的比例减小。观察其相对分子质量分布图，可以看到，曲线的前半部分和后半部分均有明显的下凹，M_p 处的强度有一定加强，说明造成 M_w/M_n 减小的原因是相对分子质量小和相对分子质量大的部分所占比例均减少。

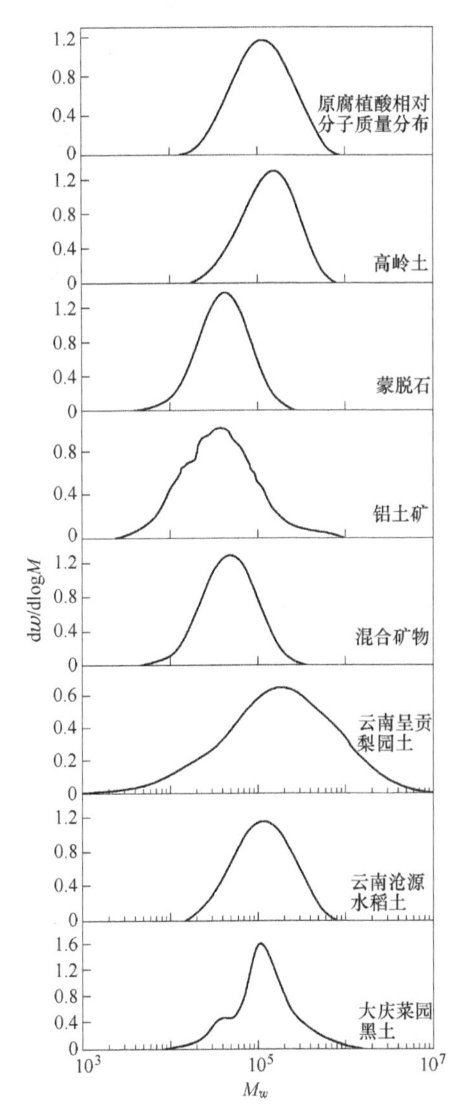

图 5.17 吸附后残液中腐植酸的相对分子质量分布图

腐植酸经过铝土矿吸附后，相比于原料腐植酸，未被吸附的腐植酸相对分子质量的分布图有明显的左移，M_n、M_w、M_z 均有所减小，M_{z+1}有明显增大，M_v 有很大程度的下降，M_w/M_n（即相对分子质量分布范围）有一定的增大，以及 M_p 的左移，说明经过铝土矿吸附作用后，未被吸附的腐植酸相对于原料腐植酸，相对分子质量减小、相对分子质量分布范围均增大以及黏度减小，且相对分子质量分布图整体左移，曲线的宽度有明显增大。相对分子质量分布曲线左移的原因与蒙脱石吸附情况相同。通过分析其 M_n、M_w 和 M_z 的减小率（M_n 的减小率为 0.728、M_w 的减小率为 0.620、M_z 的减小率为 0.327），可以得出：经过铝土矿吸附作用后，未被吸附的腐植酸相对于原料腐植酸，整个分子群中的相对分子质量小的部分所占比例增加，而相对分子质量大的部分所占比例减少，且随着相对分子质量的增大，减少程度降低。分析 M_{z+1} 时，发现其相对原料腐植酸增大了 26.7%，说明对 M_{z+1} 贡献大的相对分子质量部分有明显增加，主要原因是，通过对铝土矿进行 XRD 物相分析可以发现，铝土矿中大量存在三水铝石，游离态 Al^{3+} 能与腐植酸分子发生络合反应，使腐植酸分子间发生絮凝。观察其相对分子质量分布图，可以看到，曲线的宽度明显增加，M_p 处的强度有较大减弱，原因可能是，M_p 处的分子群与游离态 Al^{3+} 发生络合反应，使相对分子质量大的部分的范围和所占比例增加，从而相对分子质量小和相对分子质量大的部分所占比例增大。通过以上分析可以得出，由于铝土矿物的吸附、溶液环境中的 pH 值显著升高并存在铝土矿中 Al^{3+} 的络合作用，使腐植酸分子群中相对分子质量小和大的部分所占比例增加，M_p 处的分子所占比例减小，腐植酸的相对分子质量减小，相对分子质量分布范围增大，以及黏度减小。

腐植酸经过混合黏土矿物吸附后，未被混合矿物吸附的腐植酸相比于原料腐植酸，其相对分子质量的分布图有明显的左移，M_n、M_w、M_z、M_{z+1} 和 M_v 均有不同程度的下降，M_w/M_n（即相对分子质量分布范围）有一定的下降，以及 M_p 的左移，说明经过混合矿物吸附作用后，未被吸附的腐植酸相对于原料腐植酸，相对分子质量减小、相对分子质量分布范围减小以及黏度减小，且未被吸附腐植酸的相对分子质量分布曲线整体左移，主要原因也是经过混合黏土矿吸附作用后，溶液 pH 值升高所致。分析其 M_n、M_w、M_z 和 M_{z+1} 的减小率（M_n 的减小率为 0.577、M_w 的减小率为 0.604、M_z 的减小率为 0.623 和 M_{z+1} 的减小率为 0.624），也可以得出：经过混合矿物吸附作用后，未被吸附的腐植酸相对于原料腐植酸，分子群的相对分子质量按一定的比例减小。单独分析 M_z 和 M_{z+1} 的减小率时，发现两者相差很小，主要原因可能是：混合矿物中非晶态的三水铝石与腐植酸分子发生络合反应，使腐植酸分子间发生絮凝，所以 M_{z+1} 的减小率没有较大增长。想要进一步了解未被混合矿吸附的腐植酸相比于原料腐植酸，其分子群中大、小相对分子质量部分的变化情况，需借助于 M_w/M_n 的相对分子质量分布范围，其 M_w/M_n 有一定减小，可以得出三种可能：

（1）与原料腐植酸相比，对 M_n 贡献较大的相对分子质量所占比例减小，即未被铝土矿吸附的腐植酸中相对分子质量小的部分所占比例减小，使 M_n 相对于 M_w 的比值增大；

（2）与原料腐植酸相比，对 M_w 贡献较大的相对分子质量所占比例减小，即未被混合矿物吸附的腐植酸中相对分子质量大的部分所占比例减小，使 M_n 相对于 M_w 的比值增大；

（3）前两种可能的共同作用。

结合 M_z 和 M_{z+1} 的变化，以及其相对分子质量分布图（曲线的前半部分和后半部分均有一定程度的下凹，M_p 的强度有一定增加）可以得出：相比于原料腐植酸，未被吸附的腐植酸相对分子质量小和大的部分所占比例同时减小，这也就是 M_w/M_n 减小的原因。通过以上分析可以得出，可能是由于混合矿物的吸附作用、腐植酸 pH 值上升程度较大以及腐植酸与混合矿物中 Al^{3+} 的络合，使腐植酸分子群中相对分子质量小和大的部分所占比例减小、腐植酸的相对分子质量减小、相对分子质量分布范围减小以及黏度减小。

腐植酸经过昆明梨园土吸附后，未被昆明梨园土吸附的腐植酸相比于原腐植酸，其相对分子质量的分布图有明显的右移，曲线的宽度有明显增大，M_n 有一定程度减小，M_w、M_z、M_{z+1} 和 M_v 均有很大程度的升高，M_w/M_n（即相对分子质量分布范围）有明显的增大，以及 M_p 右移，说明经过昆明梨园土吸附作用后，未被吸附的腐植酸相对于原料腐植酸，相对分子质量增大、相对分子质量分布范围增大以及黏度增加。通过分析其 M_n、M_w、M_z 和 M_{z+1} 的增长率（M_w 的增长率为 1.887、M_z 的增长率为 5.852 和 M_{z+1} 的增长率为 9.081），说明未被吸附的腐植酸相对于原料腐植酸，有大量的大分子组分的生成，主要原因是，昆明梨园土中含有一定量的三水铝石（$Al(OH)_3$）和针铁矿（FeOOH）以及游离态赤铁矿（Fe_2O_3），能与腐植酸发生络合反应，使腐植酸分子之间发生絮凝。观察其相对分子质量分布图可以看到，曲线的宽度明显增加，M_p 处的强度有较大减弱，原因可能是，M_p 处的分子群与 Al^{3+} 和 Fe^{3+} 络合，使相对分子质量大的部分范围增加和数量增多，从而相对分子质量小的部分和大的部分所占比例增大，M_p 部分的分子所占比例减小，也就是 M_w/M_n 有很大程度增大的原因。

腐植酸经过临沧水稻土吸附后，未被临沧水稻土吸附的腐植酸相比于原料腐植酸，其相对分子质量的分布图有明显的左移，M_n 和 M_w 有一定减小，M_z、M_{z+1} 和 M_v 均一定程度的升高，M_w/M_n（即相对分子质量分布范围）有一定的增大，以及 M_p 的左移，说明经过吸附作用后，未被吸附的腐植酸相对于原料腐植酸，相对分子质量减小、相对分子质量分布范围增大以及黏度增加。通过进一步分析其 M_w、M_z 和 M_{z+1} 的变化率（M_w 的减小率为 0.022、M_z 的增长率为 0.045 和 M_{z+1} 的增长率为 0.081），说明未被吸附的腐植酸相对于原料腐植酸，对 M_w 贡献较大的相对分子质量大的部分有所减少，对 M_z 和 M_{z+1} 贡献较大的部分多有增加，主要原因是，临沧水稻土中含有一定量的针铁矿（FeOOH），Fe^{3+} 能与腐植酸发生络合反应，使腐植酸相对分子质量之间发生絮凝。未被吸附的腐植酸相比于原料腐植酸，其 M_w/M_n 有一定的增大，结合其相对分子质量分布图（M_p 处的强度几乎没有变化，而曲线的后半部分有一定程度下凹），说明对 M_w 贡献较大的分子群可能与 Fe^{3+} 络合，使相对分子质量较大的部分范围增加和数量增多，从而相对分子质量小和相对分子质量较大的部分所占比例增大，也就是 M_w/M_n 有一定增大的原因。

腐植酸经过大庆菜园土吸附后，未被大庆菜园土吸附的腐植酸相比于原料腐植酸，其相对分子质量的分布图有明显的左移，M_n 有一定减小，M_w、M_z、M_{z+1} 和 M_v 均有一定程度的升高，M_w/M_n（即相对分子质量分布范围）有一定的增大，以及 M_p 的左移的变化，说明经过吸附作用后，未被吸附的腐植酸相对于原料腐植酸，相对分子质量减小、相对分子质量分布范围增大以及黏度增加。通过观察未被吸附的腐植酸其相对分子质量分布图，发现其曲线前半部分有明显的下凹，说明有相对分子质量小的分子显著减少。通过分析其 M_w、M_z 和 M_{z+1} 的增长率（M_w 的增长率为 0.066、M_z 的增长率为 0.098 和 M_{z+1} 的增长率为 0.640），说明经过吸附作用后，未被吸附的腐植酸相对于原料腐植酸，对 M_w 贡献较大的相对分子质量大的部分有所增加，且对 M_{z+1} 贡献最大的较大相对分子质量部分有明显增加，主要原因是，通过 XRD 物相分析，发现大庆菜园土中含有大量的钙积层，Ca^{2+} 能与腐植酸发生络合反应，使腐植酸相对分子质量之间发生絮凝。因 M_w/M_n 有一定的增大，结合其相对分子质量分布图（M_p 处的强度几乎没有变化，而曲线的前半部分有很大程度下凹），说明下凹部分的分子群可能与 Ca^{2+} 络合，使相对分子质量较大的部分范围增加，数量增多，从而相对分子质量小和较大的部分所占比例增大，M_n 减小，M_w 增大，也就是 M_w/M_n 有一定增大的原因。

5.3　腐植酸的微生物降解特性

5.3.1　PDA 培养基中腐植酸的降解

PDA 培养基作为一种常见的微生物培养基，通常用来培养酵母菌、霉菌、白腐菌等真菌物种。土壤真菌作为降解土壤腐殖质的重要微生物，可以参与无机质的分解、有机质的矿化和腐殖化等过程，同时可以将自然环境中的有机质逐步转化和分解，以至最终形成 CO_2、H_2O，从而完成自然界生态系统中的物质循环。土壤真菌分解有机质时在土壤颗粒之间产生菌丝桥，可以用来改良土壤结构，增强土壤肥力。不同的温度及 pH 值对土壤真菌的生长特性具有影响，温度过高或过低都不适于真菌的生长。研究表明，温度在 23～29℃之间为土壤微生物生长的最适宜温度[6]，且真菌生长的最佳 pH 值在 4～6 之间。因此本实验采用 28℃恒温恒湿培养，调节腐植酸溶液 pH 值至 4～6，探究土壤真菌对昭通褐煤腐植酸的降解作用。主要考察不同 pH 值（4、4.5、5、5.5 和 6）条件下，在 0～60 天的培养时间内，腐植酸的降解情况。

5.3.1.1 溶液中酸可溶性有机碳含量的变化

将 pH 值分别为 4、4.5、5、5.5 和 6 的腐植酸溶液加入到 PDA 培养基条件下的微生物溶液中，同时做不加腐植酸的空白样，在 0~60 天的培养时间内，每隔 10 天进行溶液中酸可溶性有机碳含量的测定。结果见表 5.3。

表 5.3 溶液中酸可溶性有机碳含量 (%)

腐植酸溶液 pH 值	0 天	10 天	20 天	30 天	40 天	50 天	60 天
4	24.71	6.43	5.78	4.53	3.97	3.39	2.46
4.5	25.61	6.18	6.39	5.11	5.45	4.83	3.12
5	25.54	5.86	5.89	4.45	4.75	4.32	3.27
5.5	23.43	6.04	6.48	4.83	5.05	4.87	3.48
6	22.25	6.50	5.27	4.73	4.37	3.81	2.78
空白	25.96	11.10	4.88	2.84	2.70	2.04	1.45

从表 5.3 中可以看出：

(1) 在 0 天时（混合培养 2h），空白培养基中酸可溶性有机碳含量略高于加入腐植酸样品后溶液中的酸可溶性有机碳含量，可能是因为腐植酸在碱性条件下呈面状结构，酸析过程中发生蜷缩，会对溶液中的一部分有机碳产生包裹作用，使测得的酸可溶性有机碳含量降低[7]。

(2) 溶液中的酸可溶性有机碳含量随着培养时间的增加总体呈下降趋势，这是由于 PDA 培养基的主要成分为马铃薯浸出液和葡萄糖，土壤微生物的生长代谢需要消耗大量的有机碳，且葡萄糖能直接被土壤微生物消耗，而马铃薯浸出液中主要成分为淀粉和 H_2O_2 酶，虽然淀粉不能被微生物直接利用，但是被转化为葡萄糖后也能被微生物分解消耗[8]。随着微生物的生长繁殖，不断消耗着溶液中的可溶性有机碳，使溶液中的有机碳含量不断减少，所以测定的酸可溶性有机碳含量呈下降趋势。

(3) 在 0~10 天之间溶液中酸可溶性有机碳含量下降最为显著，主要是由于 PDA 培养基中的葡萄糖能直接被微生物消耗利用，且根据何振立等人[9]的研究可知，土壤微生物对葡萄糖的利用率达 60%以上。在此培养阶段内，土壤微生物主要大量消耗葡萄糖，使溶液中酸可溶性有机碳含量降低较为显著。

(4) 土壤真菌作为好氧微生物，在腐植酸的生物降解过程中有降解速度快，且降解量大的特点[8]。李法虎[10]、Peng 等人[11]、Haritash 等人[12]做过相应的研究，结果表明，土壤真菌能把大分子腐植酸的芳香环部分作为可利用的碳源和能源，通过分泌到细胞外的非特异性酶，主要为过氧化物酶、漆酶、酚氧化物酶等细胞外酶，通过氧化催化自由基的形成，使分子中的化学键呈不稳定状态，芳香环被深度氧化成环氧化合物，从而进一步发生降解。从表中的数据可知，当培养时间超过 20 天时，有腐植酸存在的溶液中，经酸析分离后溶液中酸可溶性有机碳含量均高于空白样。表明在培养过程中，加入腐植酸的溶液中存在新的酸可溶性有机碳产生，可能与土壤微生物对腐植酸的降解有关。尤其在培养时间为 20 天和 40 天时，加入 pH 值分别为 4.5、5 和 5.5 腐植酸溶液的土壤微生物培养液中，酸析分离后溶液中酸可溶性有机碳含量较前培养阶段有所提高，更充分说明溶液中的腐植酸可能发生了降解，产生了可溶于酸的小分子有机碳。

5.3.1.2　腐植酸的降解率

腐植酸的降解率如图 5.18 所示。

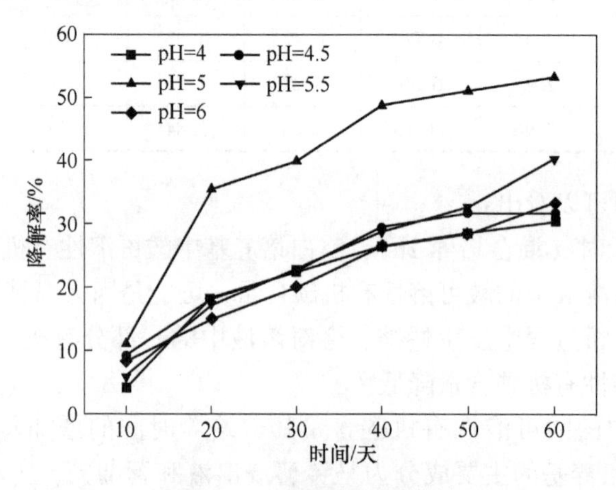

图 5.18　腐植酸的降解率

从图 5.18 中可以看出，在 0~60 天之间，随着培养时间的增加，游离态腐植酸的降解率呈增长趋势，说明在以真菌为优势菌种的土壤微生物作用下，腐植酸的质量不断减小，降解率逐渐增大，表明腐植酸在微生物的作用下发生了降解。当腐植酸溶液的 pH=5 时，60 天的降解率达到 53.33%，腐植酸的降解率最高，实验体系中腐植酸的降解效果最好。并且从图中可以看出，在 20 天和 40 天时，pH=5 条件下的降解率曲线的斜率明显高于其他培养阶段，表明在 10~20 天和 30~40 天之间，腐植酸的降解效率最高。并且结合表 5.3 中的数据可知，当 pH=5 时，20 天和 40 天酸析分离溶液中的有机碳含量高于 10 天、30 天，也表明溶液中腐植酸发生了降解，产生了酸可溶性有机碳。

5.3.1.3　腐植酸的 E_4/E_6 变化及 GPC 分析

E_4/E_6 是表示腐植酸缩合度和芳香化程度的重要指标，E_4/E_6 的值越低，腐植酸的缩合度和芳构化程度越高，相对分子质量越大[13]。表 5.4 为不同 pH 值条件下的腐植酸在不同培养阶段的 E_4/E_6 变化。

表 5.4 腐植酸 E_4/E_6 的变化

腐植酸溶液 pH 值	0 天	10 天	20 天	30 天	40 天	50 天	60 天
4	3.904	3.895	3.947	4.000	3.960	3.880	3.740
4.5	3.861	3.901	3.952	3.981	3.830	3.695	3.684
5	3.890	3.935	4.080	3.987	3.890	3.871	3.585
5.5	3.867	3.829	3.700	3.962	3.880	3.780	3.630
6	3.863	3.896	3.823	3.921	3.930	3.870	3.771

从表 5.4 中可以看出，在 0~30 天内，不同 pH 值条件下，随着培养时间的增长，腐植酸的 E_4/E_6 值整体呈增加趋势，说明腐植酸的缩合度和芳香化程度降低，腐植酸发生了降解，使腐植酸的相对分子质量减小；而 30~60 天之间，腐植酸的 E_4/E_6 值呈减小趋势，说明随着培养时间的增长，腐植酸的缩合度和芳香化程度升高，腐植酸的相对分子质量较之前有所增加。主要原因可能如下：

(1) 腐植酸是一个相对分子质量分布较宽的混合物，溶液中相对分子质量较小的腐植酸被微生物分解消耗，剩下相对分子质量较大的腐植酸，从而导致 E_4/E_6 值增大。

(2) 溶液中剩余的腐植酸在微生物的作用下发生聚合反应，形成一个大的基团，使其分子量增加[14,15]。当培养时间为 20 天时，pH=5 的腐植酸 E_4/E_6 值最大，为 4.08，说明此时的腐植酸的缩合度和芳构化程度最低，腐植酸固体的相对分子质量较其他条件最小，说明 PDA 培养基对腐植酸的降解作用在 20 天的时候最为显著。

由腐植酸降解率和 E_4/E_6 的结果分析可知，当加入腐植酸溶液的 pH=5 时，PDA 培养基中土壤微生物对腐植酸的降解效果最显著。因此，对降解后得到的腐植酸固体进行凝胶色谱分析（GPC），通过现代分析仪器检测腐植酸在不同培养阶段的相对分子质量的变化情况，得到腐植酸的 GPC 参数见表 5.5，腐植酸的相对分子质量分布图如图 5.19 所示。

表 5.5 腐植酸的 GPC 参数

样品	0 天	10 天	20 天	30 天	40 天	50 天	60 天
M_w	58898	58757	45455	52732	56215	56353	59576
M_p	42848	37147	35165	42332	56112	43424	48118
PD	1.9707	2.5830	1.7926	2.3258	2.5891	1.5406	1.5932

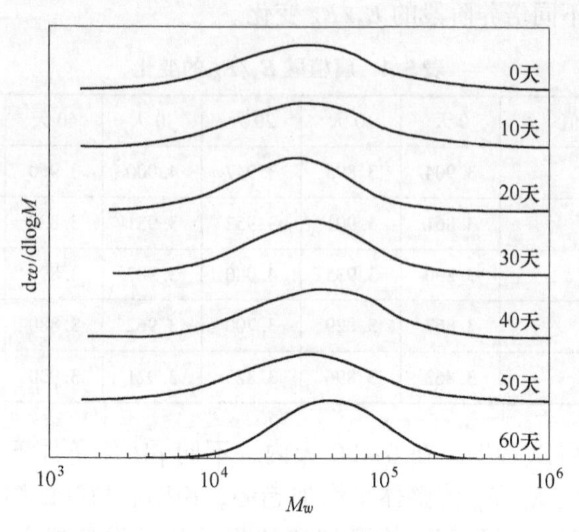

图 5.19 腐植酸的相对分子质量分布图

由表 5.5 可知：

（1）在 0~10 天之间，腐植酸的重均相对分子质量（M_w）变化不大，而峰位相对分子质量（M_p）减小，相对分子质量分布系数（*PD*）变大，说明腐植酸可能发生了轻微的降解，而降解之后的小分子物质依然附着在腐植酸内部。

（2）在 20 天时，腐植酸的重均相对分子质量、峰位相对分子质量和相对分子质量分布系数均有所减小，说明腐植酸在微生物作用下发生了降解，降解之后的小分子物质脱落，导致腐植酸的平均相对分子质量减小，相对分子质量分布变窄。

（3）在 30 天时，腐植酸的重均相对分子质量、峰位相对分子质量和相对分子质量分布系数均有所增加，说明在培养 30 天时，一部分降解后的腐植酸相互之间重新发生了聚合反应，使腐植酸的相对分子质量增大。

（4）在培养 40 天时，腐植酸的重均相对分子质量和相对分子质量分布依旧逐渐增加，说明腐植酸物质之间的聚合反应依旧在继续发生，腐植酸的相对分子质量在持续增大。

（5）在培养 50 天时，腐植酸的重均相对分子质量变化不大，但腐植酸的峰位相对分子质量及相对分子质量分布系数明显减小，说明聚合之后的腐植酸固体在完成了相互之间的相互作用后，其小分子包裹在大分子的物质里，使相对分子质量分布系数减小；而到 60 天时，腐植酸物质的重均相对分子质量和相对分子质量分布均无较大变化，说明腐植酸在 PDA 培养基的作用下，降解阶段主要发生在 0~30 天之间，而腐植酸在降解达到平衡后，会继续在降解后的小分子物质中发生聚合反应，直至达到平衡。

从图 5.19 可以看出，与 0 天时腐植酸的相对分子质量分布相比，培养前 30 天相对分子质量分布的峰值均有明显的左移，说明在 PDA 培养下的土壤微生物对腐植酸的降解作用主要发生在 0~30 天，使腐植酸的相对分子质量减小；而随着培养时间的增加，腐植酸的相对分子质量分布呈现明显右移，说明腐植酸在微生物的作用下发生降解后，还会发生聚合反应，使其相对分子质量增大。这与 E_4/E_6 的结果相对应。

5.3.2 高氏一号培养基中腐植酸的降解

高氏一号培养基是一种常用来培养和观察放线菌形态特征的合成培养基，培养基中主要含有淀粉、KNO_3、K_2HPO_4、$MgSO_4 \cdot 7H_2O$、NaCl、$FeSO_4 \cdot 7H_2O$ 等多种无机盐。放线菌作为一类比其他微生物生物活性更为丰富的微生物，其分枝状的菌丝体能够产生各种胞外水解酶，通过酶的作用降解土壤中的不溶性有机物质以获得细胞代谢所需的各种营养物质。研究发现，放线菌能产生许多结构复杂的次生代谢根瘤、结瘤产物，从而参与自然界的物质循环，具有净化环境、改良土壤等作用。

由于放线菌适宜生长在中性偏碱、通气性良好的土壤环境中，同时温度在 23~29℃之间为土壤微生物生长的最适宜温度[6]。因此本节采用在 28℃下进行恒温恒湿震荡培养，讨论 pH 值分别为 6、6.5、7、7.5 和 8 时 0~60 天培养过程中腐植酸的降解情况。

5.3.2.1 溶液中酸可溶性有机碳含量的变化

测定酸析离心后溶液中酸可溶性有机碳含量的变化，结果见表 5.6。

表 5.6 溶液中酸可溶性有机碳含量

pH 值	酸可溶性有机碳含量/%						
	0 天	10 天	20 天	30 天	40 天	50 天	60 天
6	2.18	1.08	0.92	0.65	1.15	0.87	0.83
6.5	1.81	1.09	1.00	0.79	0.89	0.98	1.00
7	1.48	1.08	1.12	0.64	1.66	1.77	1.74
7.5	1.17	0.96	1.01	0.84	0.68	0.91	0.66
8	1.22	1.05	1.12	1.05	1.02	0.96	0.84
空白	0.49	0.73	2.13	2.69	2.54	2.58	2.49

从表 5.6 可以看出：

(1) 空白样溶液中酸可溶性碳有机碳含量随着培养时间的增加呈先增加后整体趋于稳定的趋势，这是由于培养基的主要成分为淀粉，淀粉不易被微生物直接分解，需要通过微生物分泌一种胞外淀粉酶，淀粉在淀粉酶的作用下分解为小分子的葡萄糖，从而被微生物消耗利用。因此，培养初期淀粉在淀粉酶的作用下分解为葡萄糖，溶液中有机碳含量增加。葡萄糖能提供微生物需要的能源物质，在培养 30 天以后体系中微生物消耗量与葡萄糖产生量达到平衡，因此溶液中有机碳含量趋于稳定。

（2）0 天时，加入腐植酸溶液中有机碳含量明显高于空白样，这可能是因为高氏一号培养基中含有大量的金属阳离子，金属阳离子能与腐植酸发生络合、离子交换等反应[16~18]，使溶液中的腐植酸多以腐植酸盐的形式存在，在酸析过程中，腐植酸分子之间难以形成氢键，使腐植酸的析出量降低，因此溶液酸可溶性有机碳含量升高。

（3）加入腐植酸溶液的培养基中，不同培养阶段酸析分离后的溶液的酸可溶有机碳含量存在部分增长的现象，尤其当 pH = 7 时，培养 30 ~ 40 天之间可溶性有机碳含量增长了 1.02%，可能是由于以放线菌为优势菌种的土壤微生物通过分泌双加氧酶和单加氧酶作用于腐植酸中的多环芳烃[19]，从而使腐植酸进一步发生生物降解，产生小分子的有机碳。

5.3.2.2　腐植酸的降解率

腐植酸的降解率如图 5.20 所示，从图中可以看出，在 0 ~ 60 天之间，随着培养时间的增大，腐植酸的降解率整体呈增长趋势，说明腐植酸在微生物的作用下不断发生降解。当 pH = 7 时，腐植酸降解率最高达到 30.11%。同时，培养前期腐植酸降解率较低，几乎不发生降解反应，可能是由于培养前期，培养基中淀粉难以被消耗利用，微生物的生长受到限制，难以对腐植酸产生降解作用。且腐植酸与金属离子进行离子交换反应，使得腐植酸结构相对稳定，导致降解率较低。

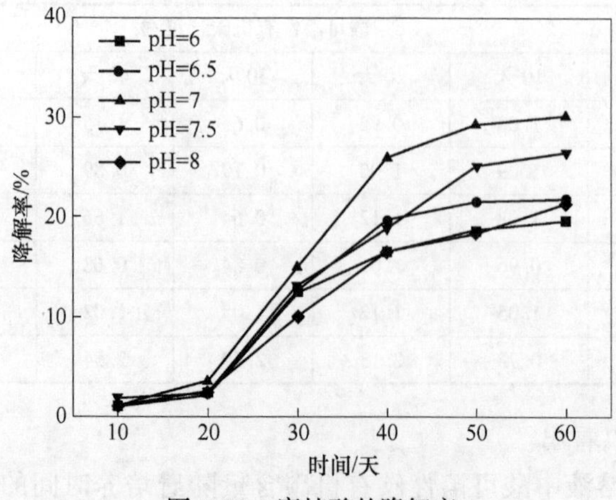

图 5.20　腐植酸的降解率

培养30天时，降解率曲线的斜率明显提高，表明腐植酸在此区间发生大量的降解，从表5.6也看出，pH=7时，培养30天以后溶液中酸可溶性有机碳含量有所提高，可能与腐植酸发生降解，产生大量的小分子可溶性有机碳有关。

5.3.2.3 腐植酸的 E_4/E_6 变化及 GPC 分析

不同pH值条件下的腐植酸在不同培养阶段的 E_4/E_6 变化见表5.7。

表5.7 腐植酸 E_4/E_6 的变化

pH值	0天	10天	20天	30天	40天	50天	60天
6	3.780	3.730	3.761	3.666	3.573	3.530	3.625
6.5	3.783	3.780	3.747	3.682	3.718	3.632	3.696
7	3.648	3.628	3.707	3.484	3.583	3.504	3.605
7.5	3.707	3.673	3.685	3.682	3.677	3.563	3.757
8	3.85	3.723	3.685	3.715	3.506	3.489	3.514

从表中可以看出，在培养的0~10天之间，腐植酸的 E_4/E_6 值降低，说明测得的腐植酸的相对分子质量增大，这进一步证明了加入到溶液中的腐植酸物质与培养基内化学成分已知的无机盐类发生了反应。腐植酸与高价态的金属离子，如 Fe^{2+}、Mg^{2+} 等易发生离子交换和由于离子交换导致的络合反应[16,18,20]，从而使腐植酸的相对分子质量增大；而到了培养的第20天时，腐植酸的 E_4/E_6 值均有所升高，说明腐植酸的芳香化程度降低，相对分子质量减小，腐植酸可能发生了降解；随着培养时间的延长，到培养的第40天时，pH=6.5和pH=7的两组腐植酸的 E_4/E_6 值又在培养的第30天的基础上有所增加，以及到培养的第60天时，腐植酸的 E_4/E_6 值均有所增加，说明腐植酸的相对分子质量可能减小，腐植酸发生了降解。

由腐植酸的 E_4/E_6 和降解率的分析结果可知，当加入的腐植酸溶液pH=7时，高氏一号培养下土壤微生物对腐植酸的降解效果较为显著。因此，对此pH值下降解后得到的腐植酸固体进行凝胶色谱分析（GPC），检测腐植酸在不同培养阶段的相对分子质量的变化情况。得到腐植酸的GPC参数见表5.8，腐植酸的相对分子质量分布图如图5.21所示。

表5.8 腐植酸的GPC参数

样品	0天	10天	20天	30天	40天	50天	60天
M_w	58146	59125	58409	57906	45977	45339	51469
M_p	44561	45265	38405	36874	56435	54039	42965
PD	1.99665	2.0610	2.5280	2.6192	1.8549	1.7344	2.1007

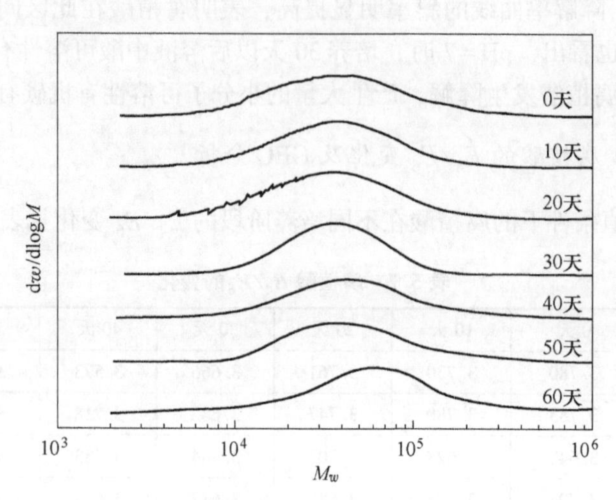

图 5.21　腐植酸的相对分子质量分布图

从表 5.8 和图 5.21 中可以看出：

（1）0~10 天时，腐植酸凝胶色谱的重均相对分子质量（M_w）、峰位相对分子质量（M_p）和相对分子质量分布系数（PD）均稍有增加，说明腐植酸在 0~10 天之间，可能与培养基内的金属阳离子发生了简单的络合反应，使腐植酸的重均相对分子质量和相对分子质量分布系数均有所增加，这与之前所测得的 E_4/E_6 值相对应。

（2）在 10~30 天之间，腐植酸的重均相对分子质量呈略减小的趋势，峰位相对分子质量减小，而相对分子质量分布系数呈增加的趋势，这是因为腐植酸中的部分小分子物质被降解出来，小分子物质的增多导致相对分子质量分布系数增大。

（3）而 30~50 天之间，腐植酸的重均相对分子质量降低显著，同时相对分子质量分布系数也在减小，单峰位相对分子质量先增加后减少，说明腐植酸发生了降解，降解之后的小分子物质脱落，导致腐植酸的平均相对分子质量减小，相对分子质量分布变窄，剩下大分子的腐植酸物质。

（4）在 60 天时，腐植酸的重均相对分子质量和相对分子质量分布系数均有所增加，但峰位相对分子质量变小，可能是因为：

1）溶液中的腐植酸在微生物的作用下发生聚合反应，使腐植酸分子量增大；

2）溶液中的腐植酸，由于其小分子部分被降解掉，剩余相对分子质量较大的腐植酸，使腐植酸的平均相对分子质量增大，相对分子质量分布系数增加。

但降解后的腐植酸固体的重均相对分子质量依然小于未发生降解时的腐植酸固体的重均相对分子质量，说明腐植酸发生了降解。

5.3.3 牛肉膏蛋白胨培养基中腐植酸的降解

牛肉膏蛋白胨培养基是一种应用最广泛的细菌基础培养基，其中牛肉膏为微生物的生长提供碳源、磷酸盐和维生素，蛋白胨主要提供氮源和维生素，NaCl提供无机盐。细菌是土壤中数量最多、分布最广的微生物，可以从有机物中获取能源和碳源。

由于细菌生长的最佳 pH 值为中性或弱碱性。因此将腐植酸溶液 pH 值分别调至 6、6.5、7、7.5 和 8，分别加入到牛肉膏蛋白胨培养基下的微生物溶液中，同时做不加腐植酸的空白样。

5.3.3.1 溶液中酸可溶性有机碳含量的变化

对酸析分离后的溶液进行酸可溶性有机碳含量的测定，结果见表 5.9。

表 5.9 溶液中酸可溶性有机碳含量

pH 值	酸可溶性有机碳含量/%						
	0 天	10 天	20 天	30 天	40 天	50 天	60 天
6	5.79	3.69	2.79	2.36	2.21	2.13	2.04
6.5	5.71	3.82	3.37	2.44	2.34	2.26	2.31
7	5.91	3.93	2.92	2.32	2.22	2.12	2.04
7.5	5.51	3.51	2.82	1.95	2.06	2.10	2.20
8	6.28	3.60	2.66	2.00	2.00	2.03	2.17
空白	7.00	4.39	2.80	1.80	1.81	1.78	1.78

从表 5.9 中可以看出：

(1) 溶液中的酸可溶性有机碳含量随着培养时间的增加总体呈下降趋势，这是由于培养基中牛肉膏主要含有肌酸、肌酸酐、氨基酸类、核苷酸类、有机酸类及维生素类等水溶性有机物质，为溶液中微生物的生长提供碳源、氮源。由于微生物的生长繁殖，会不断消耗分解可溶性有机碳，来支持微生物的各项生命活动，导致溶液中有机碳含量不断降低。

(2) 在 0 天时，空白样中的有机碳含量略高于加入腐植酸样品的有机碳的含量，可能是由于腐植酸在碱性条件下呈面状结构，酸析过程中发生蜷缩析出，会对溶液中的一部分有机物质形成包裹的作用，使所测得的有机碳含量降低。

(3) 随着培养时间的增加，空白样中酸可溶性有机碳含量整体略低于加入腐植酸的溶液，可能是由于溶液中微生物对腐植酸产生了降解的作用，有少量的可溶性有机物产生。同时，当 pH = 7.5 和 pH = 8 时，培养 30 天以后，溶液中酸可溶性有机碳含量出现微量增长，可能来自于腐植酸降解产生并积累的小分子有机物等物质。

5.3.3.2　腐植酸的降解率

腐植酸的降解情况如图 5.22 所示。

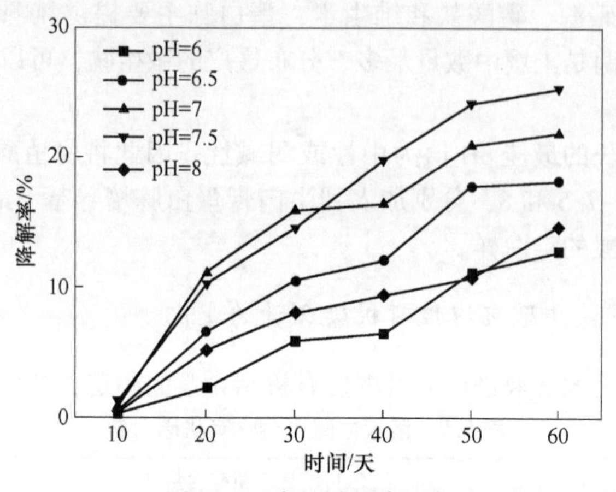

图 5.22　腐植酸的降解率

从图中可以看出，随着培养时间的增大，腐植酸的降解率逐渐增大，不同 pH 值条件下的腐植酸降解率不同，随着腐植酸 pH 值的升高，降解率呈先增大后减小的趋势，其中当 pH=7.5、培养 60 天时，降解率最高为 25.27%。从图中还可以看出，培养 10 天时，腐植酸的降解率很低，几乎不发生降解，可能是培养初期溶液中微生物数量较少，无法对腐植酸产生大量的降解有关。

5.3.3.3　腐植酸的 E_4/E_6 变化及 GPC 分析

不同 pH 值条件下的腐植酸在不同培养阶段的 E_4/E_6 值的变化见表 5.10。从表中可以看出，各 pH 值条件下的腐植酸的 E_4/E_6 值整体变化不大。而其中加入腐植酸溶液的 pH=7.5 时，随着培养时间的延长，其 E_4/E_6 值变化相比较为显著，说明该 pH 值条件下的腐植酸的降解效果优于其他 pH 值条件。

表 5.10　腐植酸 E_4/E_6 值的变化

pH 值	0 天	10 天	20 天	30 天	40 天	50 天	60 天
6	3.732	3.772	3.775	3.792	3.762	3.729	3.738
6.5	3.792	3.813	3.773	3.801	3.807	3.762	3.782
7	3.808	3.793	3.712	3.734	3.682	3.742	3.748
7.5	3.757	3.805	3.796	3.814	3.778	3.803	3.816
8	3.833	3.786	3.802	3.822	3.782	3.762	3.725

由腐植酸的 E_4/E_6 值和降解率的分析结果可知，当加入的腐植酸溶液的 pH=7.5 时，腐植酸的降解效果最佳，因此，对此条件下得到的腐植酸固体进行凝胶色谱分析（GPC），检测腐植酸在不同培养阶段相对分子质量的变化情况。得到腐植酸的 GPC 参数见表 5.11，腐植酸的相对分子质量分布图如图 5.23 所示。

表 5.11 腐植酸的 GPC 参数

样品	0 天	10 天	20 天	30 天	40 天	50 天	60 天
M_w	52498	55429	54638	50997	51236	58554	58114
M_p	41950	42952	41566	42565	42655	49026	47698
PD	2.2729	2.5945	2.4209	1.5332	1.6241	1.5199	1.6279

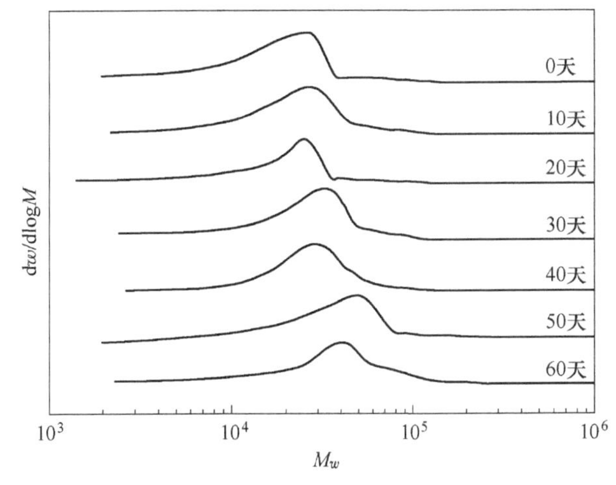

图 5.23 腐植酸的相对分子质量分布图

从表 5.11 可以看出，在 0~20 天之间，重均相对分子质量和相对分子质量分布系数变化不显著；20~40 天时，重均相对分子质量、峰位相对分子质量和相对分子质量分布系数均减小，表明在此阶段腐植酸可能发生降解，有少量小分子有机碳产生，使腐植酸的平均相对分子质量减小；而 40~60 天之间，腐植酸的重均相对分子质量增加，峰位相对分子质量稍有增加，而相对分子质量分布系数变化不明显，可能是因为此阶段降解后的大分子腐植酸之间自身发生聚合，形成较大基团，使腐植酸的平均相对分子质量增加。

5.4 小 结

腐植酸在高岭土、蒙脱石和铝土矿物三种黏土矿物及实际土壤中的吸附情况为：高岭土、蒙脱石以及铝土矿物吸附腐植酸的过程中存在化学吸附和物理吸附。不同黏土矿对腐植酸的总吸附量、物理吸附量和化学吸附量差别较大，并各自受到腐植酸的初始浓度、初始 pH 值以及液固比、温度等因素的影响。吸附后残留在溶液中腐植酸的相对分子质量分布变化也不尽相同。

对比高岭土、蒙脱石、铝土矿以及它们组成的混合矿物的吸附结果，高岭土、蒙脱石、铝土矿和混合矿物的化学吸附量和物理吸附量分别为 1.40mg/g 和 1.39mg/g、3.61mg/g 和 1.00mg/g、1.80mg/g 和 1.42mg/g、5.70mg/g 和 1.36mg/g，而经过高岭土、蒙脱石、铝土矿以及混合矿物吸附后，从未被吸附的腐植酸 GPC 分析来看，不同 pH 值条件下未被吸附的腐植酸，M_w 由 148073 分别变为 168306、50152、56238 和 58579，相对分子质量分布由 1.702 分别变为 1.580、1.534、2.468 和 1.593，说明未被吸附的腐植酸相对分子质量及相对分子质量分布产生较大变化。

通过三种土壤吸附腐植酸的实验，得出昆明梨园土、临沧水稻土和大庆菜园土的化学吸附量和物理吸附分别为 10.76mg/L 和 2.24mg/L、3.70mg/L 和 1.06mg/L、5.69mg/L 和 2.29mg/L，说明土壤的种类对腐植酸的吸附能力有较大影响。而经过昆明梨园土、临沧水稻土以及大庆菜园土吸附后，腐植酸 M_w 由 148073 变为 427468、144773 和 157872，相对分子质量分布由 1.702 变为 7.513、1.789 和 1.840，不同土壤因其物理化学性质及组成的差异，对腐植酸的吸附差别较大。

从土壤微生物对昭通褐煤腐植酸的降解作用可以看出：

（1）不同培养基培养条件下的土壤微生物优势菌种不同，对腐植酸的降解效果也有所差别，在 PDA 培养下，腐植酸 pH=5 时，培养 60 天腐植酸的降解率为 53.33%；高氏一号培养下，腐植酸 pH=7 时，培养 60 天腐植酸的降解率为 30.11%；牛肉膏蛋白胨培养下，腐植酸 pH=7.5 时，培养 60 天腐植酸的降解率为 25.27%。其中 PDA 培养下以真菌为优势菌种的土壤微生物对游离态腐植酸的降解率最高。

（2）在 PDA 培养下，pH=5 的腐植酸溶液中；高氏一号培养下，pH=7 的腐植酸溶液中；牛肉膏蛋白胨培养下，pH=7.5 的腐植酸溶液中，不同培养阶段腐植酸固体的 E_4/E_6 值均随着培养时间的增加发生变化，并且通过 GPC 表征分析可知，随着培养时间的增加，腐植酸固体相对分子质量呈现先减小后增大的变化。

参考文献

[1] 李学垣．土壤化学［M］．北京：高等教育出版社，2001.
[2] 李爱民，朱燕，代静玉．胡敏酸在高岭土上的吸附行为［J］．岩石矿物学杂志，2005，24

(2): 145~150.

[3] Zhao Y P, Gu X Y, Gao S X, et al. Adsorption of tetracycline (TC) onto montmorillonite: cations and HA effects [J]. Geoderma, 2012, 183: 12~18.

[4] 廖平凡, 吴平霄, 吴伟民, 等. 黏土矿物对胡敏酸的吸附行为研究 [J]. 矿物岩石地球化学通报, 2009, 28 (3): 272~277.

[5] Zhong R S, Zhang X H, Xiao F, et al. Effects of HA on recoverability and fractal structure of alum-kaolin flocs [J]. Journal of Environmental Sciences, 2011, 23 (5): 731~737.

[6] 石立岩, 赵桂华, 孟庆兰, 等. 不同温度、pH 值和培养基对杨树梭形溃疡病病原菌生长的影响 [J]. 西部林业科学, 2009, 38 (1): 55~59.

[7] 李艳红, 庄锐, 张政, 等. 褐煤腐植酸的结构、组成及性质的研究进展 [J]. 化工进展, 2015, 34 (8): 3147~3157.

[8] 赵国华. 淀粉加工中酶与微生物 [J]. 粮食与油脂, 1997 (1): 16~21.

[9] 何振立. 土壤微生物量及其在养分循环和环境质量评价中的意义 [J]. 土壤, 1997 (2): 61~69.

[10] 李法虎. 土壤物理化学 [M]. 北京: 化学工业出版社, 2006.

[11] Peng R H, Xiong A S, Xue Y, et al. Microbial biodegradation of polyaromatic hydrocarbons [J]. Fems Microbiology Reviews, 2010, 32 (6): 927~955.

[12] Haritash A K, Kaushik C P. Biodegradation aspects of polycyclic aromatic hydrocarbons (PAHs): a review. [J]. Journal of Hazardous Materials, 2009, 169 (1~3): 1~15.

[13] 李国学, 张福锁. 固体废物堆肥化与有机复混肥生产 [M]. 北京: 化学工业出版社, 2000.

[14] Kästner M, Hofrichter M. Biodegradation of humic substances [J]. Biopolymers, 2001, 1 (4): 349~378.

[15] 马惠荣. 腐植酸生物转化的工艺优化及过程分析 [D]. 北京: 中国矿业大学, 2015.

[16] Majzik A, Tombácz E. Interaction between HA and montmorillonite in the presence of calcium ions I. Interfacial and aqueous phase equilibria: Adsorption and complexation [J]. Organic Geochemistry, 2007, 38 (8): 1319~1329.

[17] Zhang J, Yin H, Chen L P, et al. The role of different functional groups in a novel adsorption-complexation-reduction multi-step kinetic model for hexavalent chromium retention by undissolved HA [J]. Environmental Pollution, 2017 (7): 1873~6424.

[18] Sun N, Yu S L. Adsorption mechanism of HA on attapulgite based on stumm-schindle surface complexation model [J]. Advanced Materials Research, 2013, 630: 99~105.

[19] Sabadie J. Degradation of bensulfuron-methyl on various minerals and humic acids [J]. Weed Research, 2010, 37 (6): 411~418.

[20] Zhang J, Yin H, Chen L, et al. The role of different functional groups in a novel adsorption-complexation-reduction multi-step kinetic model for hexavalent chromium retention by undissolved humic acid [J]. Environmental Pollution, 2018, 237: 740~746.

6 结论

据昭通褐煤的特点，本书以昭通褐煤为原料，先采用碱溶酸析法提取腐植酸，随后对脱腐植酸的褐煤残渣进行热解。一方面研究昭通褐煤提取腐植酸的特性、影响因素及相应的影响效果；另一方面研究脱腐植酸残渣的热解性能，考察了温度、升温速率、热解气氛、恒温时间、残渣中的固有矿物质以及外加的矿物质对其热解特性的影响，了解热解产物的品质变化规律。

基于腐植酸在农业领域土壤改良中的广泛应用，而其在土壤中的变化与土壤矿物对其实施吸附而产生的保护作用及土壤微生物对其实施的降解作用密切相关，本文还进行了昭通褐煤腐植酸与矿物、土壤的吸附特性及微生物降解特性研究，并得出以下结论。

腐植酸提取部分：

（1）常压下，在碱浓度、反应温度、反应时间分别为1.5%、80℃和3h的条件下，昭通褐煤腐植酸提取率最大，可达73.59%。当提高压力，在1~2MPa的压力下，腐植酸提取率可达90%以上。

（2）通过昭通褐煤腐植酸提取率实验，预处理前后腐植酸提取率分别为69.89%、76.13%，昭通褐煤腐植酸提取率较高，适合于腐植酸的提取工艺。

（3）通过对腐植酸产品品质的表征可知：

1）工业分析表明：昭通褐煤腐植酸的灰分含量在7.77%~18%之间，根据碱浓度、反应温度、反应时间、酸析pH值及提取压力等工艺条件的不同，其灰分在上述的含量范围内发生波动；挥发分含量在37.33%~45.33%之间；固定碳含量在32.73%~45.74%之间。

2）不同提取工艺条件下，腐植酸总酸性官能团含量在2.5301~6.7775mmol/g范围内变化，羧基含量在3.1172~4.8188mmol/g之间，不同提取工艺条件对酸性官能团含量变化没有规律性的影响。

3）压力试验中提取残渣灰分含量均在60%以上。

（4）通过褐煤原料、腐植酸产物和提取残渣的红外光谱分析可知，在3670~2980cm^{-1}吸收范围内三种物质均有较强的吸收峰，属于氢键缔合的多聚物的脂肪或芳香族—OH；2920~2850cm^{-1}是脂肪C—H伸缩振动，在煤样及残渣的吸收强度较高，在腐植酸产物中吸收强度很弱甚至是没有吸收，说明从昭通褐煤提取得到的腐植酸主要是芳香族物质而并非脂肪族产物；在2770~1778cm^{-1}的频率区间内，不同因素下得到的腐植酸产物及提取残渣均没有吸收振动及吸收峰存在。腐植酸产物的羧基吸收峰均出现红移现象，在 1640cm^{-1}处呈现出强吸收峰，可能的原因是固体产物中羧基基团的共轭效应和氢键效应占主导地位，氢键效应同样使羧基的 C—O 伸缩和 O—H 变形移到 1025cm^{-1}位置处。

（5）通过昭通褐煤腐植酸单因素提取实验、腐植酸对比性试验可以得出如下结论：

1）昭通褐煤各提取工艺条件下，在 1.5%碱浓度、80℃反应温度和 3h 反应时间下有最大腐植酸提取率，在研究 pH 值范围内，酸析 pH 值越小，腐植酸提取率越高。

2）压力对昭通腐植酸的提取有一定程度的提高，在 1MPa 和 2MPa 压力下，腐植酸提取率高达 90%以上，加压条件下有利于结合态腐植酸向游离态腐植酸的转化。压力工艺条件下，提取残渣中灰分含量均在 60%以上。

3）采用碱溶酸析法提取的主要是褐煤中的游离腐植酸，结合态腐植酸主要存在于提取残渣之中，反应时间和温度的增加能够在一定程度上使一部分结合态腐植酸成为游离态腐植酸。酸性官能团含量测定表明，腐植酸产物酸性官能团变化并没有较强的规律性。通过各提取工艺腐植酸提取率最高条件下的红外光谱图分析可知，腐植酸产物在同一吸收位置处峰形是一致的，说明反应得到了腐植酸物质。

4）通过对褐煤、提取所得腐植酸、脱腐植酸残渣的金属元素含量分析及 XRD 表征说明：昭通褐煤中存在的金属元素主要有 Ca、Al、Fe、Si 等，且金属元素主要以硅酸盐、硅铝酸盐及氧化物的形式存在，在腐植酸的提取过程，这些金属元素均富集于脱腐植酸残渣中。

关于脱腐植酸残渣的热解过程及产物品质，通过对提取腐植酸后的褐煤残渣进行热解，与褐煤热解的热解产物进行对比，并考察各个因素对残渣热解特性的影响，可以得到如下结论：

（1）腐植酸脱除后，残渣热解产物中产气率和产油率低于褐煤，而残渣产焦率高于褐煤，残渣中 H_2、C_2H_4在热解气中含量相比褐煤原料都有所提高，热解气中 CO、CO_2的含量有所降低，热解气的主要组分（H_2+ CO+ CO_2）占据了 60%以上，具有一定的利用价值，残渣焦油中分子结构复杂，含碳量高，相对分子质量大。

（2）随着温度的升高，褐煤残渣热解产物中热解气和焦油的产量增大，半焦的产量降低；热解气中 H_2和 CO 的含量是稳步上升的，并且 H_2含量随温度的变化极其显著，CH_4、CO_2以及 C_2H_4、C_2H_6的含量随温度的变化趋势大致相同，都是先随温度的升高而升高，之后会呈现下降的趋势，在 600℃左右含量达到极大值，并且无论在什么温度下，热解气中的 CO_2含量总是高于 CH_4的含量；热解焦油中多环芳香族化合物的含量逐渐增多，二环芳香族物质的含量逐渐减少，焦油中的链状烷烃、烯烃的含量增大，焦油中相对分子质量较高的物质减少，相对分子质量较低的物质增多；热解温度越高，半焦中的挥发分含量越低，固定碳的含量越高。

(3) 随着升温速率的增大，褐煤残渣热解产物中热解气和焦油的产量下降，半焦的产量上升；升温速率对热解气各组分含量的变化趋势不太明显，各组分在较低的升温速率下具有较大的含量，升温速率越低，焦油中可检测出的组分越多，随着升温速率的增大，焦油组分倾向于向多环芳香化合物转化；半焦中的挥发分随升温速率的升高而升高，固定碳含量随升温速率的升高而逐渐下降。

(4) 在水蒸气气氛下得到的热解气和焦油产量最多，得到的半焦产量较低，热解气中 H_2 含量高，焦油中低环数组分含量增大，焦油低相对分子质量组分增多，氧气气氛下热解气、焦油以及半焦的产量较少，热解气中 CO_2 的含量较多，热解焦油的多环数组分的含量增高，在 CO_2 气氛下半焦的产量较多，热解气中 CO 的含量较高。

(5) 热解气、焦油以及半焦的产量在恒温时间由 10min 延长至 20min 时有相对明显的变化，在 20min 后，随着恒温时间的继续延长各产物的产量都没有明显的变化，热解气中 H_2、CO 的含量随着恒温时间的延长略有上升，CO_2 的含量随恒温时间的延长而逐渐下降，随着恒温时间的延长，焦油向大分子组分转化，半焦的挥发分含量降低，固定碳含量增高。

(6) 残渣中固有矿物质的存在不利用残渣的热解，使残渣的热解向高温段移动，降低了热解气和焦油的产率，脱除固有矿物质后，热解气中 H_2 含量明显降低，含氧气体增大，焦油组分芳环数降低，相对分子质量降低，提升了焦油的品质，半焦中挥发分和固定碳含量增大。

(7) 外加碱金属盐 NaCl、KCl 都提高了热解气和半焦的产率，降低了焦油的产率，提高了热解气中 H_2 和 CO_2 的含量，增大残渣热解焦油中脂肪化合物的含量，焦油中的芳香化合物中的酚类以及菲类物质会有所减少，萘类物质有所增加，焦油组分中低相对分子质量物质含量增多，焦油的组分更加轻质化，提高了焦油的品质，使半焦的挥发分和固定碳含量减少，半焦品质降低。

(8) 外加碱土金属盐 $CaCl_2$ 和 $MgCl_2$ 都提升了热解气和半焦的产量，$CaCl_2$ 不利于热解焦油的产生，使焦油的产量有所下降，而 $MgCl_2$ 促进了焦油的产量，两种金属盐都增大了热解气中 H_2、CO 和 CO_2 的含量，都增大了焦油组分的芳环数及相对分子质量，使焦油的组分变重。

(9) 过渡金属盐 $FeCl_3$、$NiCl_2$ 的添加提高了热解气和半焦的产率，$NiCl_2$ 对焦油的裂解起着催化作用，两种金属盐都降低了热解气中 H_2 的含量，都提高了热解气中 CO_2 和 CH_4 的含量，焦油组分中脂肪烃含量显著增大，焦油芳香化合物中的单环和三环芳烃含量降低，焦油组分的平均相对分子质量增大，长链脂肪烃增多。

（10）残渣的热解可采用一级单一动力学模型进行分析，对残渣的主要热解阶段（300~600℃）存在较好的线性关系，拟合度较高。

（11）残渣中的固有矿物质会增大残渣的热解表观活化能，对残渣的热解起到抑制的作用。

（12）外加的金属盐对残渣的热解起着催化作用，降低了残渣热解的表观活化能，各金属盐的催化效果大小顺序为：$MgCl_2$ > $CaCl_2$ > $FeCl_3$ > KCl > NaCl > $NiCl_2$。

关于腐植酸在黏土矿物及实际土壤中的吸附，腐植酸的吸附存在化学吸附和物理吸附。不同黏土矿及土壤因各自的物理化学性质及组成的差异，对腐植酸的吸附差别较大。各自受到腐植酸的初始浓度、初始 pH 值以及液固比、温度等因素的影响效果不一样，吸附完毕残液中未被吸附的腐植酸相对分子质量及相对分子质量分布产生较大变化。

关于土壤微生物对昭通褐煤腐植酸的降解作用，不同培养基培养条件下的土壤微生物优势菌种对腐植酸的降解效果不同，其中 PDA 培养下以真菌为优势菌种的土壤微生物对腐植酸的降解率最高。降解过程中随着培养时间的增加，不同培养基中腐植酸分子量的变化也不相同。

附录　热解焦油组分及含量分析

附表 1　残渣焦油组分及含量

组分化学式	相对分子质量	结　构　式	相对含量/%
C_7H_8O	108		1.14
$C_8H_{10}O$	122		1.81
$C_{10}H_8$	128		0.92
$C_{11}H_{10}$	142		2.10
$C_{11}H_{10}$	142		3.55
$C_{12}H_{10}$	154		1.06
$C_{12}H_{12}$	156		1.04
$C_{22}H_{46}$	310		8.21
$C_{16}H_{34}$	298		2.04
$C_{13}H_{10}O$	206		3.62
$C_{20}H_{42}$	282		1.51
$C_{14}H_{28}$	196		4.24
$C_{15}H_{12}O_4$	256		16.21

续附表 1

组分化学式	相对分子质量	结　构　式	相对含量/%
$C_{18}H_{38}$	254	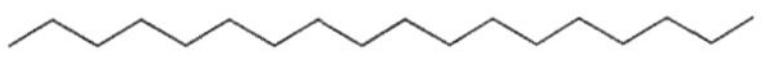	2.23
$C_{19}H_{18}O_6$	310	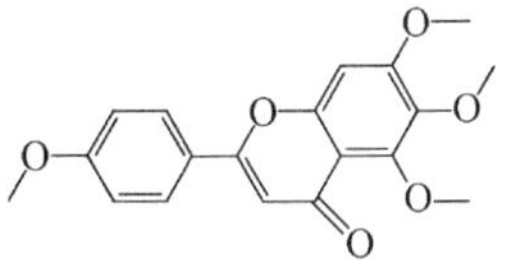	9.11
$C_{18}H_{18}NO_5$	312	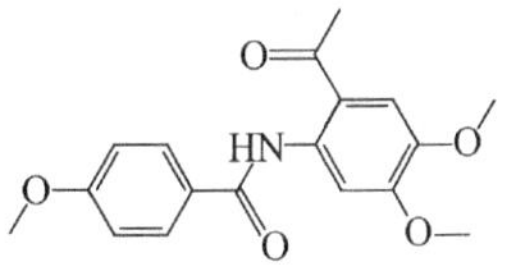	3.04
$C_{15}H_{16}O_2$	240	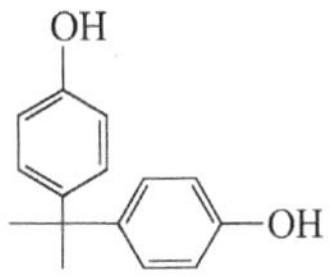	4.25
$C_{21}H_{44}$	296	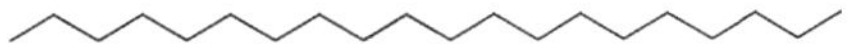	2.07
$C_{20}H_{25}NO_4$	343	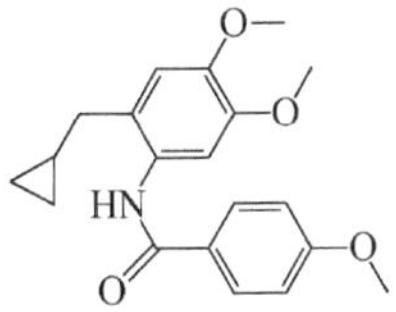	5.37
$C_{16}H_{12}$	204	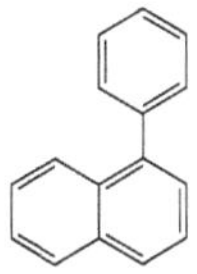	2.63
$C_{14}H_8O_2$	208	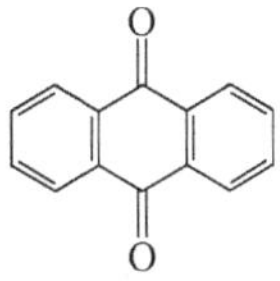	7.45
$C_{23}H_{19}NO_5$	397	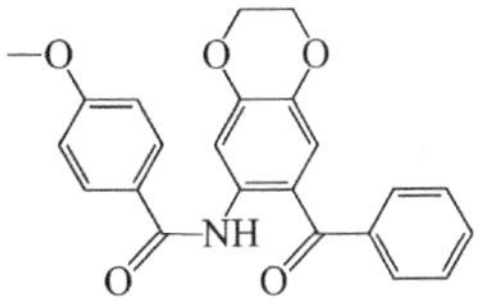	6.17
$C_{17}H_{12}$	216	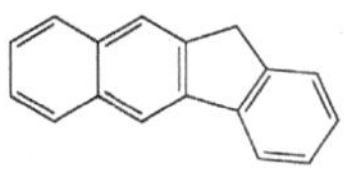	4.60

续附表 1

组分化学式	相对分子质量	结 构 式	相对含量/%
$C_{20}H_{12}$	252	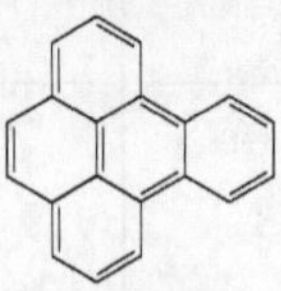	4.62

附表 2　昭通褐煤焦油组分

组分化学式	相对分子质量	结 构 式	相对含量/%
C_7H_8O	108	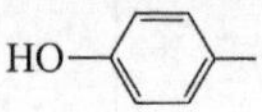 HO	3.95
$C_9H_{17}NO$	155	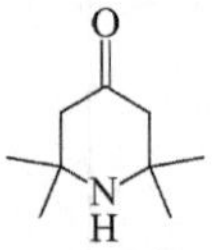 O N H	22.93
$C_8H_{10}O$	122	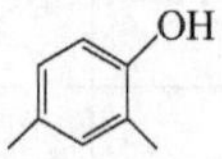 OH	2.81
$C_8H_{14}O$	126	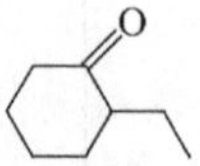 O	2.84
$C_{10}H_8$	128	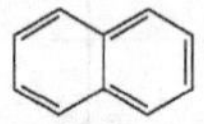	2.19
$C_{11}H_{10}$	142	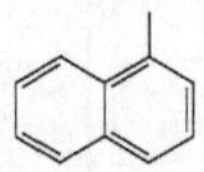	2.89
$C_{11}H_{10}$	142	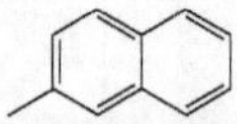	2.82
$C_{12}H_{10}$	154	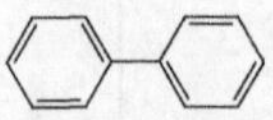	2.46
$C_{12}H_{12}$	156	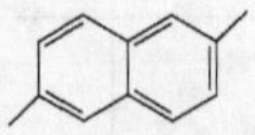	1.94
$C_{15}H_{30}$	210		1.26
$C_{22}H_{46}$	310	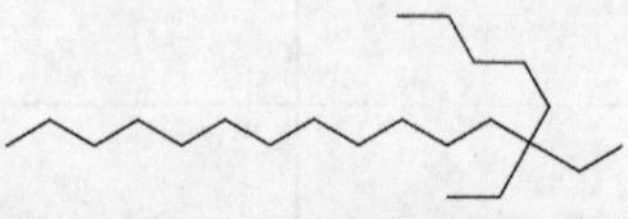	4.06
$C_{12}H_8O$	168	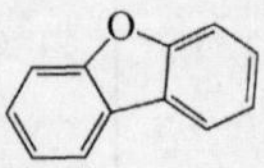 O	2.80

续附表 2

组分化学式	相对分子质量	结构式	相对含量/%
$C_{16}H_{32}$	224		1.58
$C_{13}H_{10}$	166	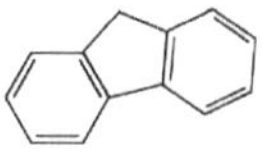	1.90
$C_{16}H_{34}$	226		2.59
$C_{17}H_{34}$	238		1.85
$C_{14}H_{28}$	196		3.85
$C_{13}H_{28}O$	200	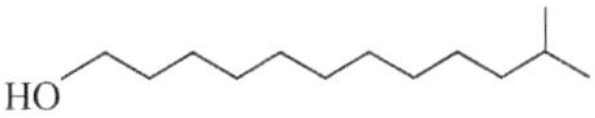 HO	2.33
$C_{14}H_{10}$	178	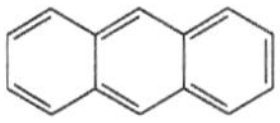	2.66
$C_{18}H_{38}$	254		1.83
$C_{19}H_{40}$	268		2.06
$C_{15}H_{12}$	192	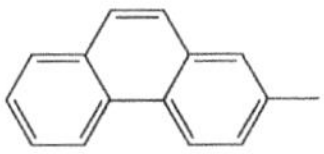	2.64
$C_{20}H_{42}$	282		3.74
$C_{21}H_{42}$	294		1.57
$C_{18}H_{18}$	234	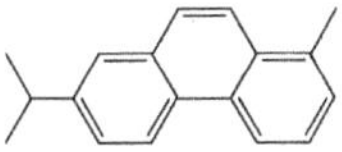	8.48

附表 3　各温度下残渣焦油组分及含量

组分化学式	相对分子质量	结构式	各温度下焦油组分相对含量/%				
			400	500	600	700	800
C_7H_8O	108	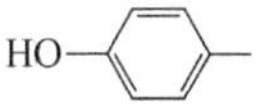 HO		3.15		1.39	1.14
$C_9H_{17}NO$	155	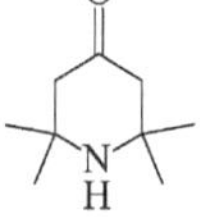 O, N, H		2.83			
$C_8H_{10}O$	122	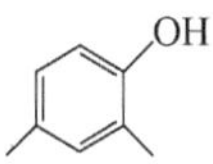 OH		1.95		1.92	1.81
$C_{10}H_8$	128	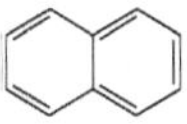					0.92

续附表3

组分化学式	相对分子质量	结构式	各温度下焦油组分相对含量/%				
			400	500	600	700	800
$C_{11}H_{10}$	142	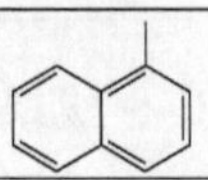				0.13	2.10
$C_{11}H_{10}$	142	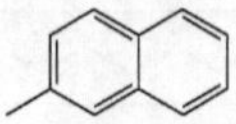		3.55	5.85	3.48	3.55
$C_{12}H_{10}$	154	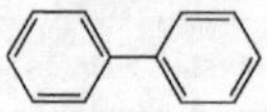		1.13		0.26	1.06
$C_{12}H_{12}$	156	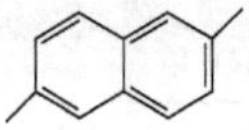		1.14		0.24	1.04
$C_{22}H_{46}$	310	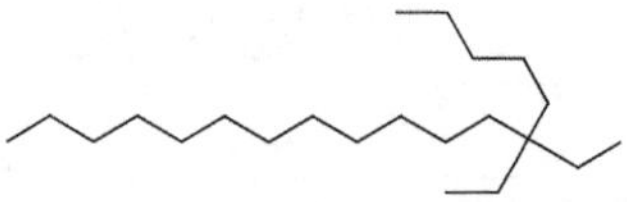	2.33	8.31	12.49	15.18	8.21
$C_{16}H_{34}$	298		1.32		0.94	1.84	2.04
$C_{13}H_{10}O$	206	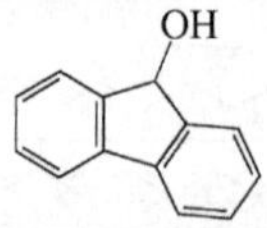 OH	1.23	6.36	4.94	5.22	3.62
$C_{20}H_{42}$	282	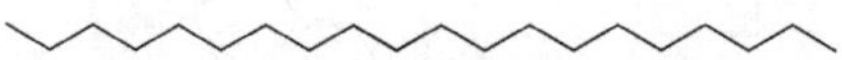			0.91		1.51
$C_{14}H_{28}$	196	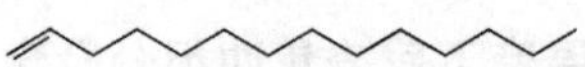		5.74	1.78	1.24	4.24
$C_{15}H_{12}O_4$	256	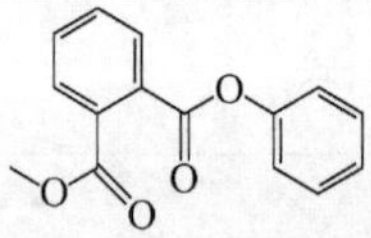	6.93	24.26	20.20	18.32	16.21
$C_{18}H_{38}$	254	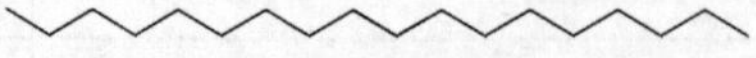			1.56		2.23
$C_{19}H_{18}O_6$	342	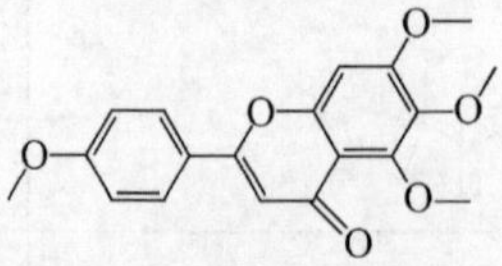	5.48	8.82	12.27	7.42	9.11
$C_{18}H_{18}NO_5$	328	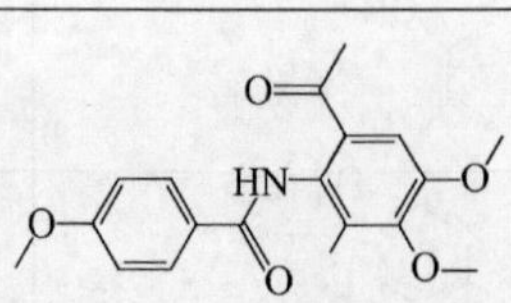 HN	1.54	9.93	3.91	3.96	3.04

续附表 3

组分化学式	相对分子质量	结构式	各温度下焦油组分相对含量/%				
			400	500	600	700	800
$C_{15}H_{16}O_2$	228	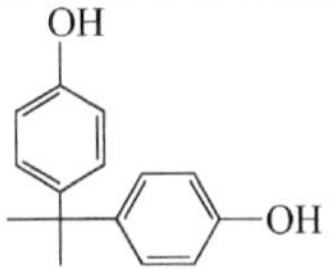 OH, OH			3.23	4.59	4.25
$C_{21}H_{44}$	296	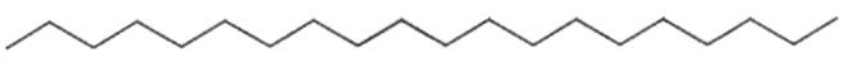	0.69		0.97		2.07
$C_{20}H_{25}NO_4$	343	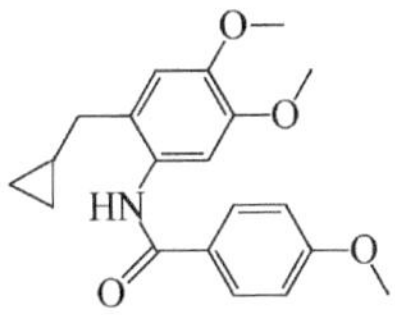 O, O, HN, O, O	3.33	11.51	8.15	6.83	5.37
$C_{16}H_{12}$	204	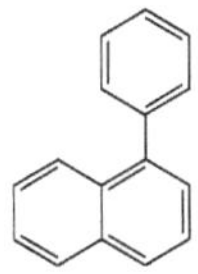	2.63		1.33	1.36	2.63
$C_{14}H_8O_2$	208	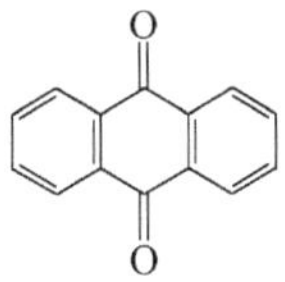 O, O	0.61		3.83	7.58	7.45
$C_{15}H_{10}O_2$	222	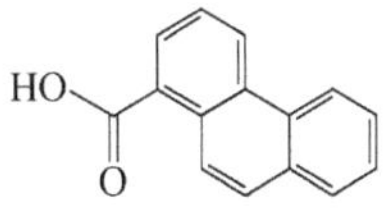 HO, O	3.72				
$C_{23}H_{19}NO_5$	389	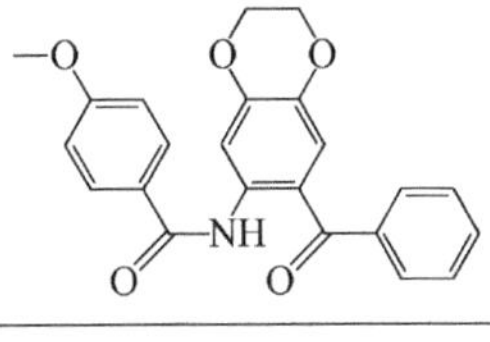 O, O, O, NH, O, O	3.16	7.65	8.44	8.17	6.17
$C_{10}H_{10}O_4$	194	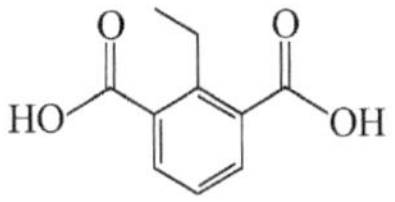 O, O, HO, OH	3.34				
$C_{22}H_{20}$	284	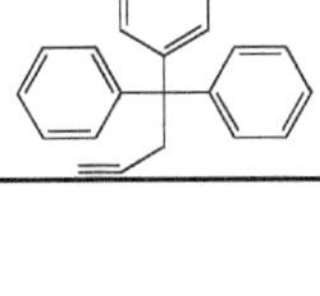	1.04				

续附表 3

组分化学式	相对分子质量	结构式	各温度下焦油组分相对含量/%				
			400	500	600	700	800
$C_{18}H_{26}O$	258	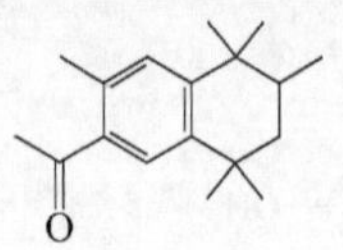	30.59				
$C_{15}H_{12}O_4$	256	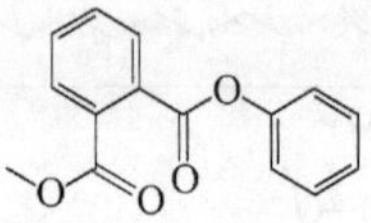	19.20				
$C_{17}H_{12}$	216	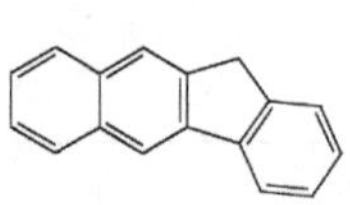	2.28		5.55	5.90	4.60
$C_{20}H_{12}$	252	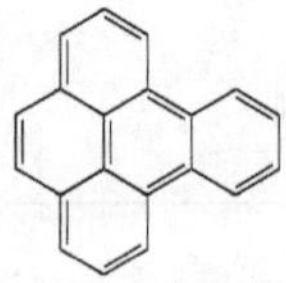	1.40		3.17	3.35	4.62

附表 4 各升温速率下残渣焦油组分及含量

组分化学式	相对分子质量	结构式	各升温速率下焦油组分的相对含量/%				
			15K/min	20K/min	25K/min	30K/min	35K/min
$C_{11}H_{10}$	142	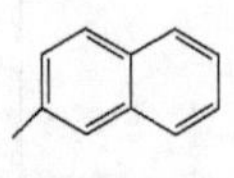	5.85	5.55	6.57	4.87	
$C_{22}H_{46}$	310	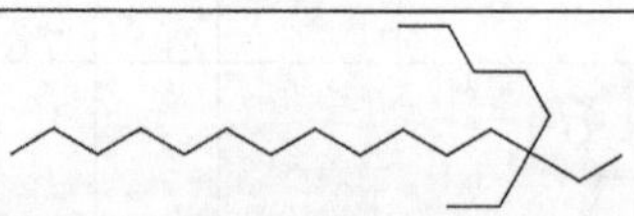	12.49	11.71	12.39	11.05	12.47
$C_{16}H_{34}$	298	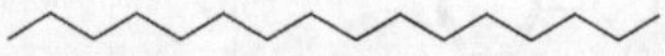	0.94				
$C_{13}H_{10}O$	206	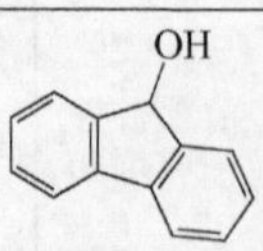	4.94	4.03	4.04	3.93	
$C_{20}H_{42}$	282		0.91				
$C_{14}H_{28}$	196	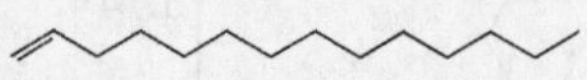	1.78	3.35	3.67	2.66	3.01

续附表 4

组分化学式	相对分子质量	结构式	各升温速率下焦油组分的相对含量/%				
			15K/min	20K/min	25K/min	30K/min	35K/min
$C_{15}H_{12}O_4$	256	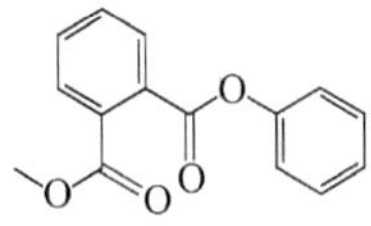	20. 20	17. 05	9. 32	12. 38	12. 27
$C_{18}H_{38}$	254	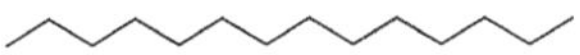	1. 56	2. 19			
$C_{19}H_{18}O_6$	310	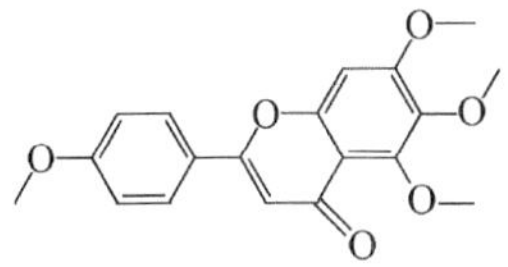	12. 27	3. 54	2. 94	6. 68	6. 98
$C_{18}H_{18}NO_5$	312	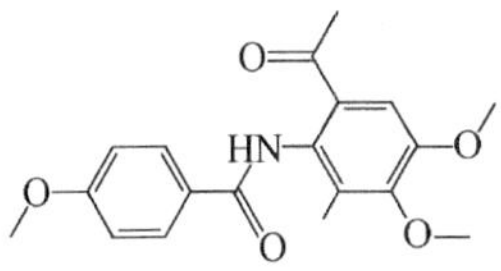	3. 91	2. 54			
$C_{15}H_{16}O_2$	240	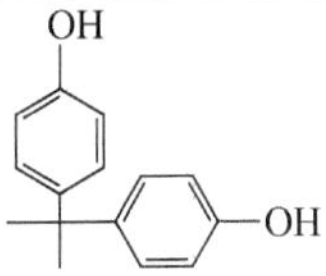	3. 23	6. 32	7. 84	8. 28	8. 50
$C_{21}H_{44}$	296		0. 97	2. 07			
$C_{20}H_{25}NO_4$	343	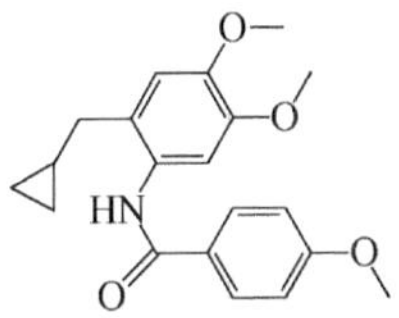	8. 15	7. 77	7. 48	7. 10	7. 59
$C_{16}H_{12}$	204	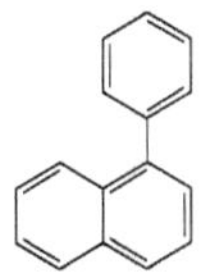	1. 33	1. 88			
$C_{14}H_8O_2$	208	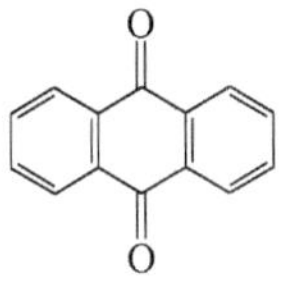	3. 83	15. 04	17. 67	19. 89	20. 19

续附表 4

组分化学式	相对分子质量	结 构 式	各升温速率下焦油组分的相对含量/%				
			15K/min	20K/min	25K/min	30K/min	35K/min
$C_{23}H_{19}NO_5$	397	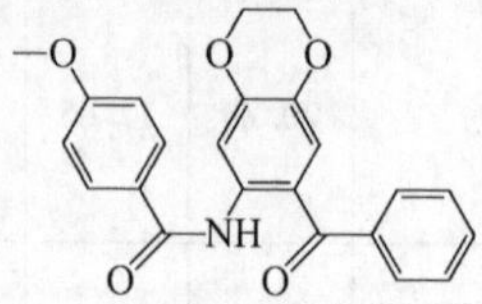	8. 44	12. 96	13. 56	16. 07	16. 54
$C_{22}H_{20}$	284	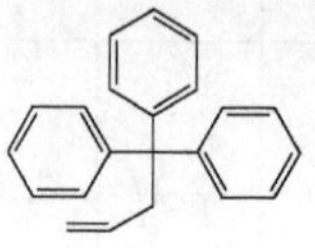			3. 82	4. 39	5. 57
$C_{15}H_{12}O_4$	256	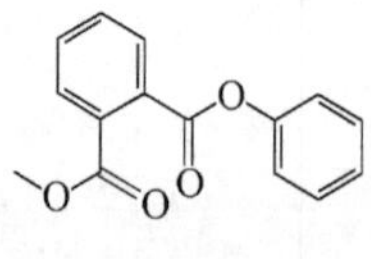				4. 90	4. 36
$C_{17}H_{12}$	216	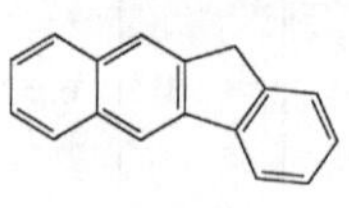	5. 55	2. 81	4. 15	2. 66	2. 52
$C_{20}H_{12}$	252	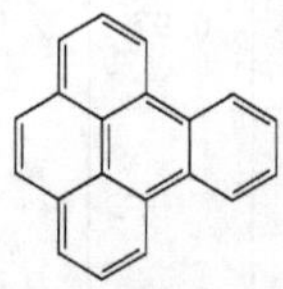	3. 17				

附表 5 各热解气氛下残渣焦油组分及含量

组分化学式	相对分子质量	结 构 式	各热解气氛下焦油组分相对含量/%		
			CO_2	N_2	H_2O
C_7H_8O	108	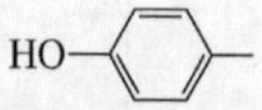			1. 36
$C_{11}H_{10}$	142	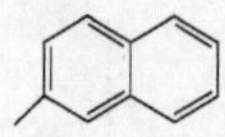		4. 87	4. 55
$C_{22}H_{46}$	310	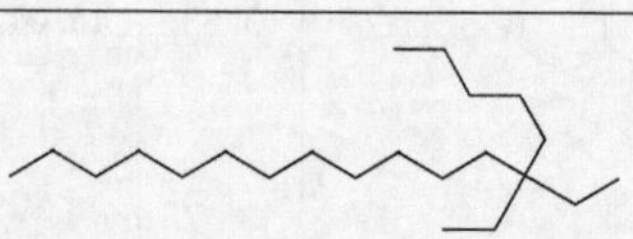	13. 72	11. 05	8. 28

续附表 5

组分化学式	相对分子质量	结构式	各热解气氛下焦油组分相对含量/%		
			CO_2	N_2	H_2O
$C_{13}H_{10}O$	206	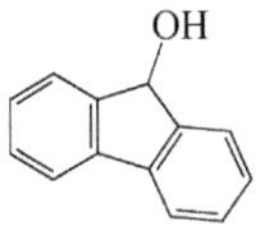		3.93	
$C_{14}H_{28}$	196			2.66	3.24
$C_{15}H_{12}O_4$	256	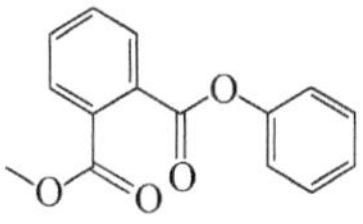	16.09	12.38	15.60
$C_{19}H_{18}O_6$	310	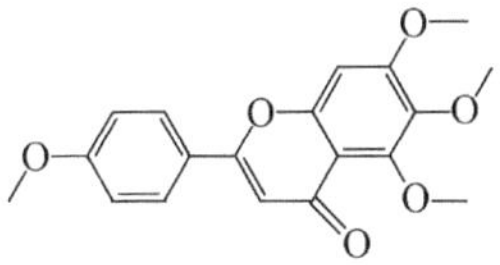	9.82	6.68	7.89
$C_{21}H_{44}$	296	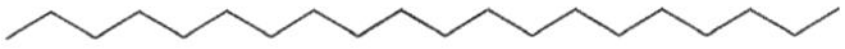			10.44
$C_{15}H_{16}O_2$	240	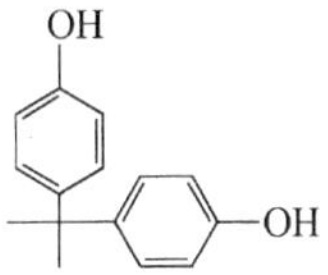	9.54	8.28	
$C_{18}H_{18}$	234	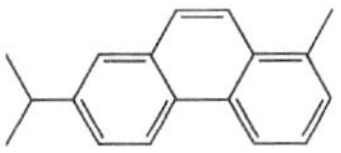			6.59
$C_{20}H_{25}NO_4$	343	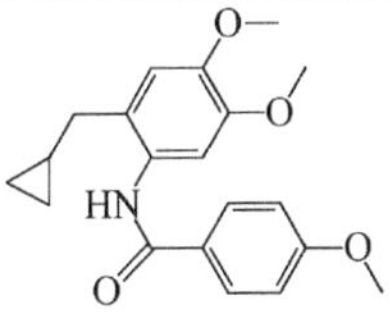	9.18	7.10	
$C_{14}H_8O_2$	208	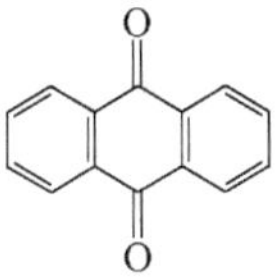	13.11	19.89	15.11

续附表 5

组分化学式	相对分子质量	结构式	各热解气氛下焦油组分相对含量/%		
			CO_2	N_2	H_2O
$C_{13}H_{12}N_3$	210	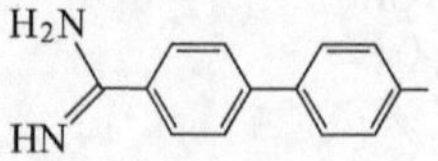 H_2N HN			15.45
$C_{23}H_{19}NO_5$	397	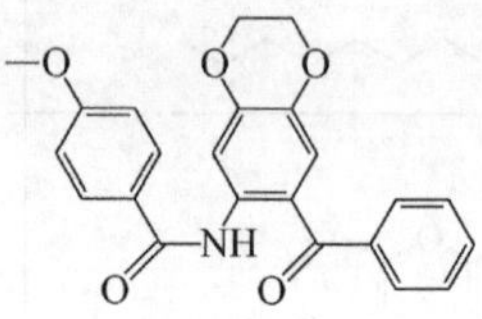 O O NH O O	17.89	16.07	6.57
$C_{22}H_{20}$	284	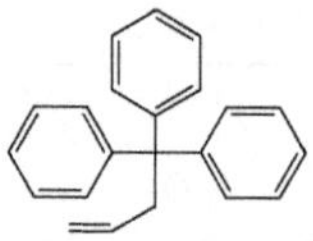	7.27	4.39	
$C_{15}H_{12}O_4$	256	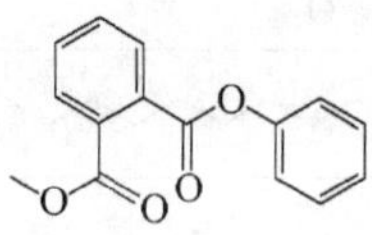 O O O O		4.90	
$C_{17}H_{12}$	216	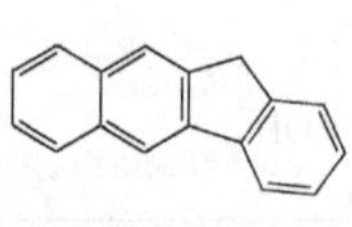		2.66	

附表 6 各恒温时间下残渣焦油组分及含量

组分化学式	相对分子质量	结构式	各恒温时间下焦油组分相对含量/%				
			10min	20min	30min	40min	50min
$C_{11}H_{10}$	142	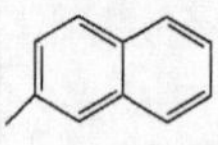	4.87				
$C_{22}H_{46}$	310	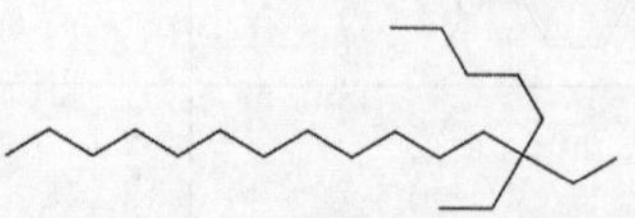	11.05	12.79	15.60	14.52	21.63
$C_{13}H_{10}O$	206	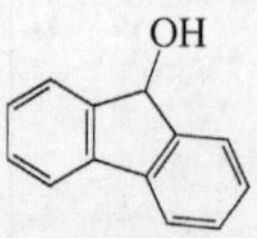 OH	3.93				
$C_{14}H_{28}$	196	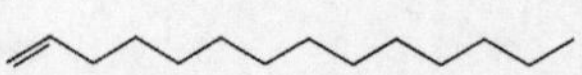	2.66				

续附表 6

组分化学式	相对分子质量	结构式	各恒温时间下焦油组分相对含量/%				
			10min	20min	30min	40min	50min
$C_{15}H_{12}O_4$	256	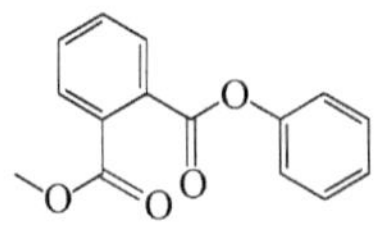	12.38	20.73	19.10	18.41	20.03
$C_{19}H_{18}O_6$	310	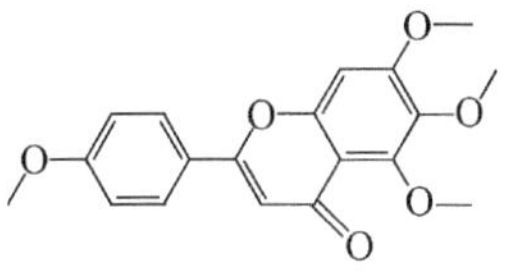	6.68	12.63	9.53	8.94	11.72
$C_{15}H_{16}O_2$	240	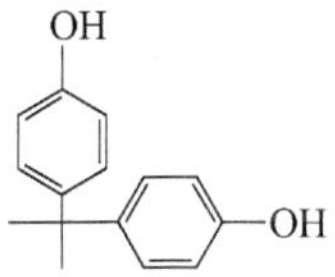 OH, OH	8.28	8.38			
$C_{20}H_{25}NO_4$	343	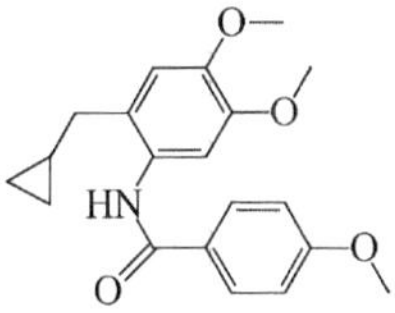 HN	7.10	12.05	14.94	14.95	22.96
$C_{18}H_{18}$	234	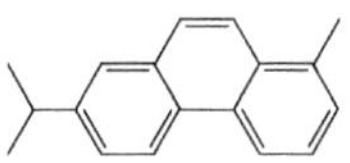		8.39	12.85	13.72	1.94
$C_{14}H_8O_2$	208	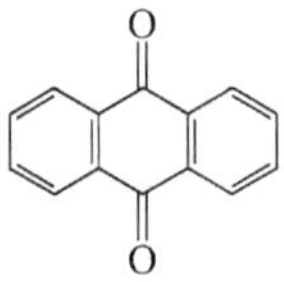	19.89	13.98	15.29	13.09	
$C_{23}H_{19}NO_5$	397	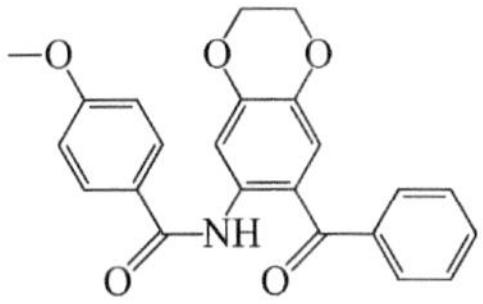 NH	16.07	11.03	12.66	16.34	21.95
$C_{22}H_{20}$	284	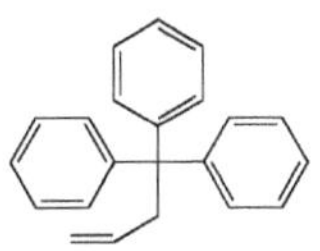	4.39				

续附表 6

组分化学式	相对分子质量	结构式	各恒温时间下焦油组分相对含量/%				
			10min	20min	30min	40min	50min
$C_{15}H_{12}O_4$	256	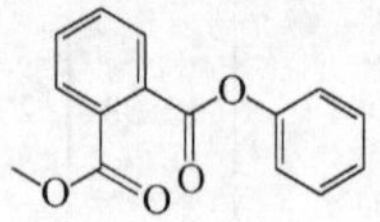	4.90				
$C_{17}H_{12}$	216	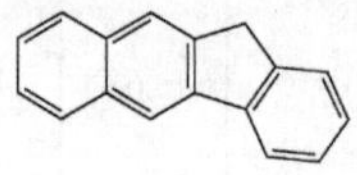	2.66				

附表 7 脱灰残渣焦油组分及含量

组分化学式	相对分子质量	结构式	相对含量/%
$C_{11}H_7NO_3$	201	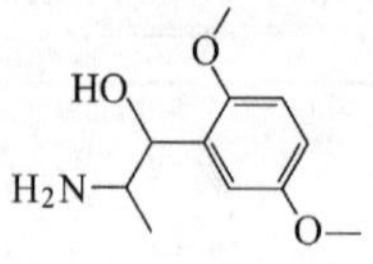	28.79
C_7H_8O	108	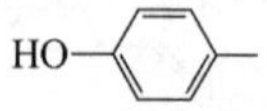	17.39
$C_8H_{10}O$	122	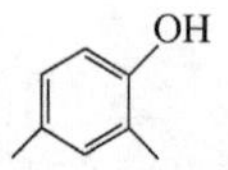	3.81
$C_8H_{10}O$	122	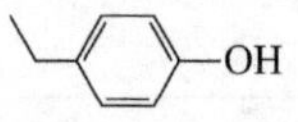	4.15
$C_8H_{10}O_2$	138	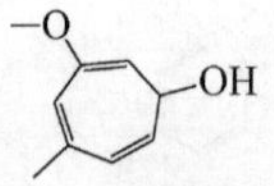	2.84
$C_{15}H_{12}$	192	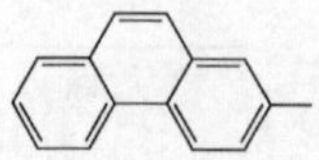	4.95
$C_{19}H_{32}$	260	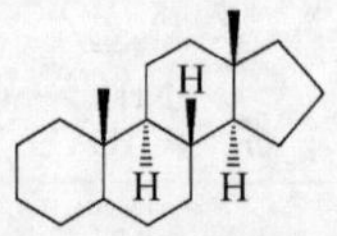	2.81
$C_{18}H_{22}$	238	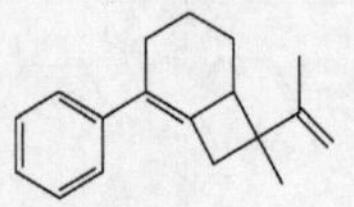	5.86

续附表 7

组分化学式	相对分子质量	结　构　式	相对含量/%
$C_{20}H_{42}$	282	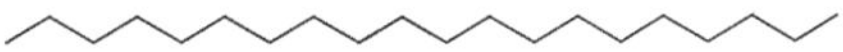	1.99
$C_{18}H_{18}$	234		28.04

附表 8　负载碱金属盐的残渣焦油组分及含量

组分化学式	相对分子量	结　构　式	焦油组分相对含量/%	
			残渣-KCl	残渣-NaCl
C_7H_8O	108	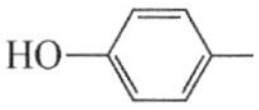 HO	21.94	19.93
$C_7H_8O_2$	124	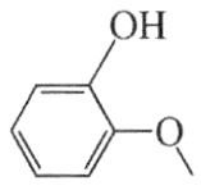 OH O		3.34
$C_9H_{17}NO$	155	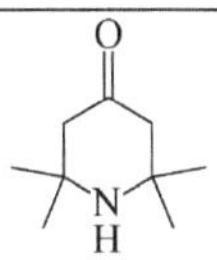 O N H		16.99
$C_8H_{10}O$	122	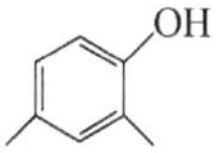 OH	5.77	5.40
$C_8H_{10}O$	122	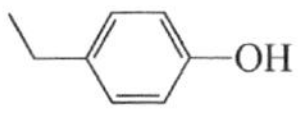 OH	5.07	6.64
$C_8H_{10}O$	122	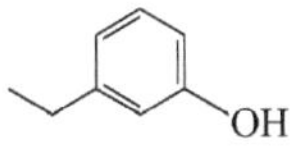 OH	3.34	
$C_8H_{10}O$	122	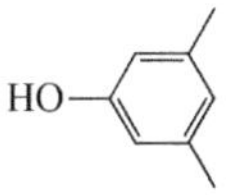 HO		3.78
$C_8H_{10}O_2$	140	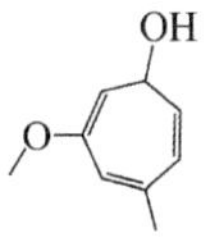 OH O		3.19

续附表 8

组分化学式	相对分子量	结构式	焦油组分相对含量/%	
			残渣-KCl	残渣-NaCl
$C_{10}H_{8}$	128		2.82	3.49
$C_{11}H_{10}$	142		3.45	
$C_{11}H_{10}$	142		3.21	2.85
$C_{12}H_{12}$	156		2.55	2.74
$C_{20}H_{42}$	282		4.34	
$C_{13}H_{10}O$	182	O	2.83	2.54
$C_{14}H_{28}$	196		6.55	6.15
$C_{18}H_{36}$	252		4.29	
$C_{15}H_{12}$	192		3.53	
$C_{18}H_{22}$	238		3.58	
$C_{18}H_{18}$	234		15.23	9.65

附表 9　负载碱土金属盐的残渣焦油组分及含量

组分化学式	相对分子质量	结构式	焦油组分相对含量/%	
			残渣-$CaCl_2$	残渣-$MgCl_2$
C_7H_8O	108	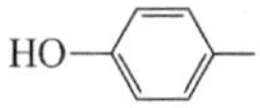	13.85	13.87
$C_8H_{10}O$	122	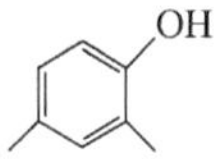	2.31	2.28
$C_8H_{10}O$	122	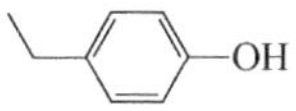	3.49	3.86
$C_{10}H_8$	128	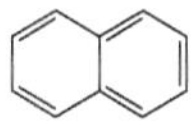	2.21	2.36
$C_{11}H_{10}$	142	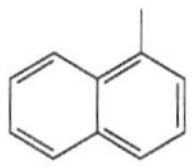	2.63	2.83
$C_{11}H_{10}$	142	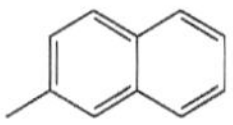	4.19	4.52
$C_{19}H_{23}NO$	281	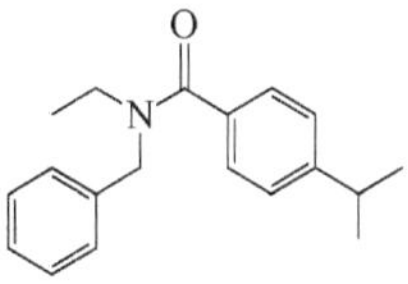	8.43	8.20
$C_{18}H_{23}N$	253	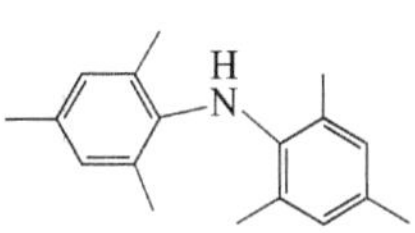	4.35	4.29
$C_{20}H_{17}N_3O$	315	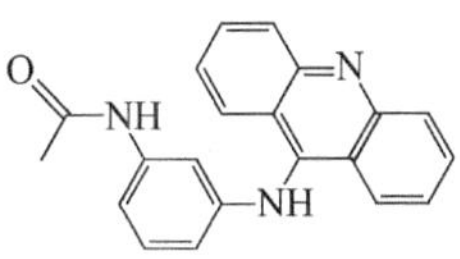	2.57	2.15
$C_{15}H_{21}$	201	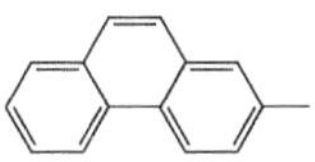	7.94	8.27

续附表 9

组分化学式	相对分子质量	结构式	焦油组分相对含量/%	
			残渣-$CaCl_2$	残渣-$MgCl_2$
$C_{19}H_{32}$	260	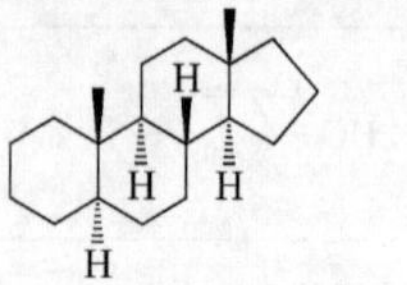	7.43	7.14
$C_{18}H_{22}$	238	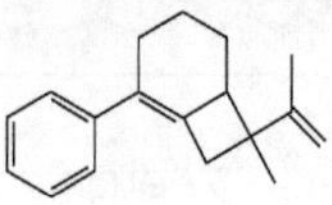	7.11	6.88
$C_{18}H_{18}$	234	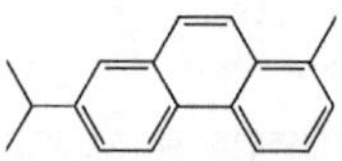	32.93	33.11

附表 10　负载过渡金属盐的残渣焦油组分及含量

组分化学式	相对分子质量	结构式	焦油组分相对含量/%	
			残渣-$FeCl_3$	残渣-$NiCl_2$
C_7H_8O	108	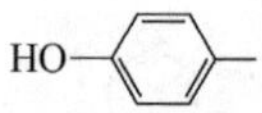 HO-	8.54	3.40
$C_8H_{10}O$	122	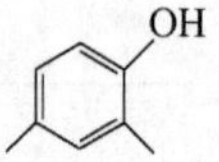 OH	2.67	3.92
$C_{11}H_{10}$	142	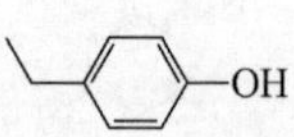 -OH	1.26	
$C_{11}H_{10}$	142	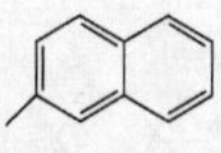	3.90	6.25
$C_{14}H_{30}$	198		1.43	
$C_{12}H_{12}$	156	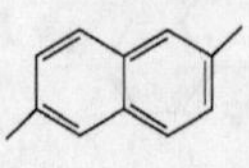	2.06	2.57

续附表 10

组分化学式	相对分子质量	结构式	焦油组分相对含量/%	
			残渣-$FeCl_3$	残渣-$NiCl_2$
$C_{13}H_{28}$	184	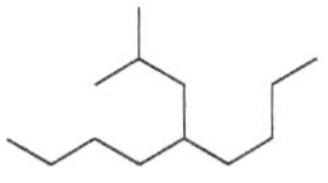	1.59	
$C_{15}H_{30}$	210		1.37	
$C_{12}H_8O$	168	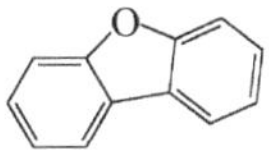 O	3.15	
$C_{19}H_{40}O$	284	 HO	1.84	
$C_{16}H_{34}$	226		4.40	4.04
$C_{13}H_{13}O$	185	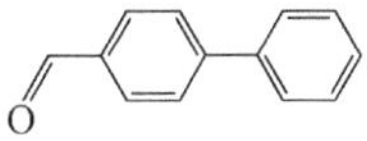 O	2.50	
$C_{17}H_{34}$	238		3.96	2.93
$C_{17}H_{36}$	240		2.86	3.01
$C_{14}H_{28}$	196	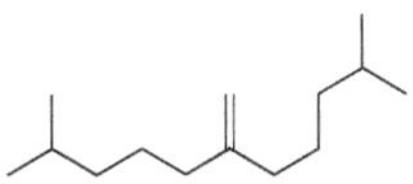	7.10	6.12
C_9H_{18}	126	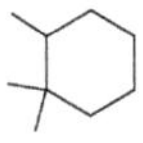	2.68	2.03
$C_{19}H_{36}O_3$	312	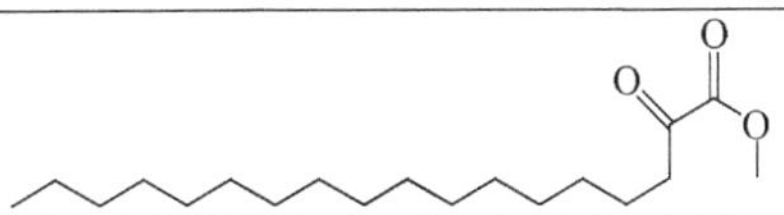 O O O		4.42
$C_{16}H_{32}$	224	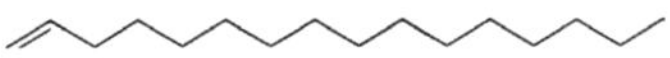	3.04	4.05
$C_{18}H_{38}$	254		3.99	2.22

续附表 10

组分化学式	相对分子质量	结构式	焦油组分相对含量/%	
			残渣-$FeCl_3$	残渣-$NiCl_2$
$C_{19}H_{40}$	268		3. 39	
$C_{14}H_{28}$	196			5. 18
$C_{15}H_{12}$	192		3. 27	4. 44
$C_{20}H_{42}$	282		8. 54	
$C_{21}H_{44}$	296		3. 05	
$C_{19}H_{32}$	260	H H H H		7. 78
$C_{18}H_{22}$	238		4. 99	
$C_{18}H_{18}$	234		11. 40	23. 25